W0264352

Verständliche Wissenschaft

Sechsundvierzigster Band

Ebbe und Flut

Von

Hermann Thorade

Berlin · Verlag von Julius Springer · 1941

Ebbe und Flut

Ihre Entstehung und ihre Wandlungen

Von

Dr. Hermann Thorade
Deutsche Seewarte, Hamburg

1. bis 5. Tausend

Mit 69 Abbildungen im Text

Berlin · Verlag von Julius Springer · 1941

ISBN-13:978-3-642-89080-2   e-ISBN-13:978-3-642-90936-8
DOI· 10.1007/978-3-642-90936-8

Alle Rechte, insbesondere das der Übersetzung
in fremde Sprachen, vorbehalten.
Copyright 1941 by Julius Springer in Berlin.
Softcover reprint of the hardcover 1st edition 1941

Vorwort.

Das vorliegende Büchlein, zu dem der Herausgeber dieser
Sammlung in dankenswerter Weise die Anregung gab, will die
Erscheinungen der Ebbe und Flut darstellen, ohne mathematische Vorkenntnisse vorauszusetzen. Ein solcher Versuch hat
auf dem Gebiete der exakten Naturwissenschaften Vorteile und
Nachteile, und es mag nicht überflüssig sein, den Leser vorab
auf sie aufmerksam zu machen. Für den mathematisch Vor-
gebildeten bedeutet der Verzicht auf die Zeichensprache der
Mathematik oft eine Erschwerung, mindestens aber einen zeit-
raubenden Umweg, wenn es eine bestimmte Frage zu lösen
gilt. Es würde zu einem Mißerfolge führen, wenn man auf
Grund des vorliegenden Büchleins etwa glauben wollte, es wäre
möglich, die verschiedenen Einflüsse, die bei den Gezeitenerscheinungen zusammenwirken, ohne mathematische Betrach-
tungen gegeneinander abzuwägen und die Größe der End-
wirkung zu bestimmen. Andrerseits zwingt der Verzicht auf die
mathematische Einkleidung zu einem Zurückgreifen auf die
Grundvoraussetzungen und zur Freilegung des logischen Ge-
dankengewebes, das den mathematischen Berechnungen unaus-
gesprochen zugrunde liegt, und in dieser Richtung hat der
Verfasser den Schwerpunkt der Darstellung gesucht.

Hamburg, im November 1940.

H. Thorade.

Inhaltsverzeichnis.

I. Die Gezeiten im Leben des Küstenbewohners.

1. Das Watt.

Der Binnenländer, der an die deutsche Nordseeküste reist und mit Spannung den ersten Anblick des Meeres erwartet, kann eine eigenartige Überraschung erleben. Bis zuletzt versperrt ihm ein hoher Deich, der die tief gelegenen Marschen vor Überflutung durch das Meer schützt, den Blick; hat er aber die Deichkrone erstiegen, so kann er eine· weite öde und fast ebene graue, schlammige Fläche erblicken, deren Boden von durchfeuchtetem Sand oder dunklem, tonigem „Schlick" gebildet wird: das *Watt*, jenen 10 bis 20 km breiten Streifen, der bei Niedrigwasser trocken fällt und bei Hochwasser unter Wasser ist (Abb. 7). Ungeheure Mengen von Kleintieren beherbergt es, und Scharen von Seevögeln fischen in den von der Flut zurückgelassenen flachen Tümpeln. Hier und da mag auch einer der kleinen Küstenkähne aufliegen und das nächste Hochwasser abwarten, um wieder flott zu werden. Weite Ausflüge kann man um diese Zeit unternehmen, ohne viel mehr als zentimetertief durch Wasser waten zu müssen. Plötzlich aber steht man am Rande einer vom abfließenden Wasser scharf eingeschnittenen Rinne, eines „Priels" (Abb. 1), der mit seinen Verästelungen einem Flußsystem nicht unähnlich ist, und dessen etwas tieferes Wasser durch seine Stromrichtung anzeigt, ob noch *Ebbe* herrscht, d. i. Fallend Wasser, oder *Flut*, d. i. Steigend Wasser[1]. Die größeren Priele, die auch als Fahrwasser für die Schiffahrt dienen, sind 20 und mehr Meter tief, und der Strom des kommenden oder abfließenden Wassers in ihnen nimmt Geschwindigkeiten an, wie

---

[1] Es ist also falsch, Niedrigwasser mit „Ebbe" und Hochwasser mit „Flut" zu bezeichnen, wie es oft geschieht. „Eintritt der Ebbe" fällt mit dem Zeitpunkte des Hochwassers zusammen, „Eintritt der Flut" mit dem des Niedrigwassers. Auch darf, wie sich später zeigen wird, Ebbe nicht mit dem seewärts gerichteten Strome, Flut nicht mit dem landwärts gerichteten verwechselt werden.

sie in den Mittel- und Oberläufen der Festlandsflüsse vorkommen; wie die Karte (Abb. 7) zeigt, sind sie seewärts in der Regel durch eine Barre verschlossen, so daß Schiffe von größerem Tiefgange das Hochwasser abwarten müssen, um einfahren zu können, und zahlreiche Seezeichen sind nötig, um ihnen das Auffinden der Fahrrinne zu ermöglichen. Steigt das Wasser (Flut), so füllen sich zuerst die Priele und treten über die Ufer; von da an rückt die manchmal schaumige Front wegen der fast waagerechten Lage des Watts ziemlich schnell vor: Jede folgende Welle dringt weiter vor als die

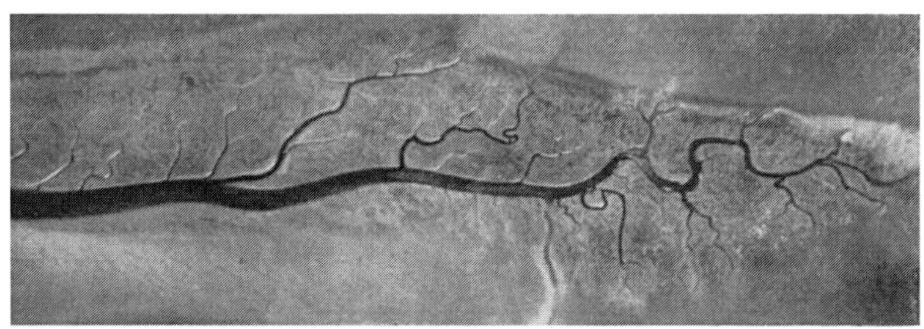

Abb. 1. Watt bei Niedrigwasser. Durch den Gezeitenstrom geschaffener verzweigter Priel. — Freigegeben durch RLM. Nr. 2523/38. Hersteller Reichsamt f. Landesaufnahmen, Berlin.

vorhergehende (Abb. 2), und alsbald steht der Unkundige in einer unabsehbaren Wasserwüste, ohne die gangbaren Flächen und die Priele unterscheiden zu können; sogar der Wattfischer, der zu Fuß auszieht, um Krabben oder Plattfische zu fangen, und der mit dem Watt vertraut ist, kann, zumal bei Nebel, in eine gefährliche Lage kommen, denn wo er noch kurz vorher umherwaten konnte, dort ist das Wasser wenige Stunden später $2^1/_2$ bis $3^1/_2$ m tief.

2. Das Bild der Gezeiten in der Anschauung des Küstenbewohners.

Zweimal am Tage sieht der Bewohner der Nordseeküste die Flut steigen bis zum Hochwasser, das durchschnittlich alle 12 Stunden 25 Minuten eintritt, und zweimal fällt da-

zwischen das Wasser während der Ebbe zum Niedrigwasser: *Halbtagsgezeiten* oder -tiden. Von einem Tage bis
zum nächsten verspätet sich also das Hochwasser — es ist ja
das übernächste — um 50 Minuten. Das weist auf einen Zusammenhang mit dem Monde hin. Denn die Sonne braucht zu
einem Tageslaufe im Mittel 24 Stunden: Zieht man am Him-
melsgewölbe eine Linie vom Nordpunkte durch das Zenit zum

Abb. 2. Kommende Flut. Trotz des nur langsamen Steigens rücken die
Wellen schnell vor, da das Watt äußerst flach ansteigt. Aufn. E. G. Haberstroh.

Südpunkte, den Meridian oder die Mittagslinie, so verstreicht
in Sonnentag = 24 Stunden, zwischen einem Durchgange der
Sonne durch den Meridian (zugleich ihrem Höchststande oder
ihrer Kulmination) bis zum folgenden. Beobachtet man aber
die Meridiandurchgänge des Mondes, so findet man, daß sie
einander in durchschnittlichen Zeitabständen von 24 Stunden
50 Minuten folgen; man könnte diesen Zeitraum auch einen
„Mondtag" nennen; die Monddurchgänge verspäten sich also
gerade so wie die Hochwasserzeiten. Aber nicht nur die Eintrittszeit von Hoch- und Niedrigwasser ändert sich von Tag zu

Tag, sondern auch ihre Höhe. Die höchsten Hoch- und zugleich die niedrigsten Niedrigwasser („Springtiden“) ereignen sich um die Zeit von Voll- und Neumond („Syzygien“), und die kleinsten Schwankungen des Wasserstandes („Nipptiden“) fallen in die Zeit des ersten und letzten Viertels („Quadraturen“). Dieser Unterschied wird als *Halbmonatliche Ungleichheit* bezeichnet. Endlich ist ein, wenn auch nicht großer, Unterschied der beiden Hochwasser (und Niedrigwasser) eines Tages zu bemerken, indem z. B. einen halben Monat lang das Vormittagshochwasser und den folgenden das Nachmittagshochwasser höher ist: die *Tägliche Ungleichheit.*

Man kann annehmen, daß diese Tatsachen sich schon unseren Vorfahren durch ihre regelmäßige Wiederkehr so weit aufgedrängt hatten, daß sie mit ihnen vertraut waren. Anders freilich die Kulturvölker des Mittelmeeres, an dessen Ufern sich Ebbe und Flut nur ausnahmsweise bemerkbar machen. Zwar hatten Männer mit weitem Gesichtskreise, wie etwa HERODOT, PYTHEAS von Marseille oder ARISTOTELES eine gewisse Kenntnis der Gezeiten. Aber das waren Ausnahmen. Wie sehr die Unheimlichkeit und Großartigkeit dieser Naturerscheinung auf den Griechen wirkten, davon gibt der zur römischen Kaiserzeit lebende CURTIUS RUFUS in seiner Lebensbeschreibung Alexanders des Großen eine drastische Darstellung, indem er von der auf dem Indus ankernden Flotte berichtet (IX. Buch, Cap. 35 ff.):

„Es war etwa um die dritte Stunde, als der Ozean infolge regelmäßigen Flutwechsels langsam anschwoll, in den Fluß eindrang und das Flußwasser stromaufwärts trieb. Dieses staute sich zunächst; dann erhielt es eine stärkere Gegenströmung und flutete nun stromaufwärts, und zwar mit größerer Gewalt, als Gießbäche in ihrem abschüssigen Bette dahinzuschießen pflegen. Die Natur des Meeres war dem Heere unbekannt, und sie glaubten schon Wunder und Anzeichen von Götterzorn zu sehen ... Schon wurden die (aufs Land gezogenen) Schiffe von den Fluten emporgehoben, und die ganze Flotte geriet durcheinander, und die Leute, welche an Land gegangen waren, eilten nun von allen Seiten her, volle Angst und Bestürzung über das unvorhergesehene Unglück

4

zu den Schiffen zurück." In der entstehenden Verwirrung „stießen die Schiffe aneinander und brachen sich gegenseitig die Ruder ab, und die einen drängten die anderen fort. Es sah aus, als wenn da nicht die Flotte eines einzigen Heerführers wäre, sondern als wenn zwei Flotten miteinander im Kampfe lägen . . .".

„Schon hatte die Flut die ganzen Felder auf beiden Seiten des Flusses überschwemmt, nur daß einige Bergspitzen hie und da wie kleine Inseln hervorragten . . . Die Flotte war ganz zerstreut und schwamm teils in tiefem Wasser — da, wo Täler waren —, oder die Fahrzeuge saßen auf Untiefen fest, überall da, wo die Fluten die ungleichen Hügel des festen Landes überströmt hatten. Da brach plötzlich neues Unheil über sie herein, das noch viel schlimmer als das alte war. Denn das Meer fing nun an, wieder rückwärts zu fließen, wobei die Gewässer mit starker Strömung zu ihren alten Fluten zurückkehrten, und es gab das Land wieder frei . . . Daher hatten die Schiffe kein Wasser mehr unter sich und fielen teils vornüber, teils legten sie sich auf die Seite. Nun bedeckte sich das Land mit Gepäckstücken, Waffen, abgerissenen Balken, zerbrochenen Rudern. Die Leute wagten sich nicht aufs Land, mochten aber auch nicht auf den Schiffen bleiben und fürchteten, es könnte jeden Augenblick Unheil kommen, das noch schlimmer wäre als das gegenwärtige." — Nicht viel besser erging es Jahrhunderte später Julius Cäsar bei seinem Übergange nach Großbritannien; er gesteht in seinem Berichte (De Bello Gallico, Lib. IV, Cap. XXIX): „In derselben Nacht trat Vollmond ein, ein Zeitpunkt, der die höchsten Fluten des Meeres zu erbringen pflegt, und dies war den Unsrigen (!) unbekannt", und beschreibt die erheblichen Verluste, die eine Folge davon waren. Auch bei der Wiederholung des Übergangs im folgenden Jahre blieben ihm Überraschungen nicht erspart.

3. Gezeiten auf dem offenen Meere.

Deutlich sichtbar pflanzen sich die Gezeiten landeinwärts in den Flußmündungen fort, z. B. in der Elbe weit über Ham-

burg hinaus, also beträchtlich mehr als 100 km. Abb. 3, 4 zeigt
den Unterschied zwischen Hoch- und Niedrigwasser in einem
der Fleete Hamburgs, die der Verfrachtung von Waren aus
dem am Elbstrome liegenden Hafen in die innere Stadt dienen; allerdings erfüllt das Fleet der Abb. 3, 4 seinen Zweck
nur kurz vor und nach Hochwasser. Die Elbe selbst strömt auf
ihrem Unterlaufe nur während der Ebbe ins Meer; während

Abb. 3. Niedrigwasser in einem Fleet in Hamburg. Aufn. H. Thorade.

der Flut fließt das Wasser stromaufwärts, freilich hauptsächlich infolge Aufstaus von dem an der Mündung herrschenden
Hochwasser her. Eigentliches Meerwasser gelangt nur in das
Gebiet zunächst der Mündung. Es ist klar, daß manche Häfen
erst durch die Flut für tiefer gehende Seeschiffe zugänglich
werden. Namentlich Großbritannien bietet wegen seiner schmalen Gestalt und seiner meist recht hohen Gezeiten der See-
schiffahrt günstige Gelegenheit, weit ins Land einzudringen,
zumal wenn, wie es meistens der Fall ist, die Häfen durch
Schleusen abgeschlossen werden und deshalb auf Hochwasser-
höhe gehalten werden können.

6

Auf hoher See dagegen merkt der Seemann nichts von Hoch- und Niedrigwasser, weil ihm eine feste Höhenmarke fehlt. Wohl aber spürt ein ankerndes Schiff den heftigen mit Ebbe und Flut verbundenen, an der Ankerkette zerrenden Strom, der das ganze Meer weit und breit erfaßt, und der andererseits einem fahrenden Schiffe auf offener See verborgen bleibt, weil keine festen Anhaltspunkte vorhanden sind,

Abb. 4. Dieselbe Stelle wie in Abb. 3 rund 6 Stunden später; Wassertiefe etwa 2 m. Man beachte die Lage der Knüppel rechts, die den Anprall der Kähne gegen die Mauer verhindern sollen, auf beiden Bildern. Auch am Mauerwerke links ist das Steigen zu erkennen. Aufn. H. Thorade.

die die Bewegung des Wassers erkennen lassen. Daß es sich um Gezeitenstrom handelt, geht in der Regel daraus hervor, daß der Strom nach einer, halben Tideperiode seine Richtung umkehrt, „kentert". Allerdings nicht immer; oft, man kann sagen meistens, „klappt" der während der Flut laufende Strom, der Flutstrom, nicht einfach um in den Ebbstrom („alternierender Strom"), sondern dreht, schwächer werdend, seine Richtung entweder rechts oder links herum („Drehstrom") nach der entgegengesetzten Seite und nimmt dabei an

Geschwindigkeit wieder zu. Die große Geschwindigkeit der Gezeitenströme, namentlich in Küstennähe, beeinflußt Schiffe, die nicht sehr schnell fahren, ziemlich stark und erzwingt Beachtung für die Gezeiten auch in Gewässern, in denen der Gezeitenhub für die Seefahrt gleichgültig bleiben kann. In unseren Küstengewässern kann bei ungünstiger Tide eine Fahrt mehrere Stunden länger dauern als bei günstiger; erst in der nördlichen Nordsee wird der Strom schwächer, und im Ozean selbst ist er nur noch schwer wahrnehmbar.

4. Windstau, Sturmfluten.

Die strenge Regelmäßigkeit der Gezeiten wird an unseren Küsten oft beeinträchtigt durch den Wind; treibt er das Wasser auf die Küste zu, so steigt es an, im entgegengesetzten Falle fällt es. Dazu kommen die Wirkungen des Luftdrucks: Von Orten mit hohem Druck strebt das Wasser zu solchen mit niedrigem Druck hin. Man bezeichnet die aus beiden Ursachen entstehende Erhöhung des Wasserspiegels wohl als „Windstau", da es meistens nur schwer möglich ist, die Wirkung des Windes und des Luftdrucks voneinander zu unterscheiden. Sowohl eine Aufwehung des Wassers an der Küste (positiver Windstau) als auch ein Wegsinken (negativer Windstau) kommt natürlich ebensogut auch in einem gezeitenfreien Meere, wie etwa in der Ostsee, vor. Aber die Gezeiten wirken verstärkend; treibt der Wind das Wasser von der Küste fort, und erreicht er seine größte Wirkung gerade im Augenblicke des Niedrigwassers, so kann der Tiefstand des Wassers sehr hinderlich für die Schiffahrt werden. Weit gefährlicher jedoch ist es, wenn die anstauende Kraft des Windes ihren Höhepunkt zur Zeit des Hochwassers hat, und wenn dann die so entstandene Sturmflut außerdem noch eine Springtide ist. Nur zu oft haben solche Sturmfluten den Deich durchbrochen und katastrophenartige Verluste an Menschen und Gütern zur Folge gehabt.

Für die deutsche Nordseeküste sind in erster Linie die westlichen und nordwestlichen Winde gefährlich, die nicht nur das Wasser weit über die Höhe des gewöhnlichen Hochwassers

Abb. 5. Sturmflut bei Husum. Das Seewasser ergießt sich über den Deich.
Aufn. Knittel (Photohandlung, Husum).

Abb. 6. Dieselbe Stelle wie in Abb. 5 bei gewöhnlichem Hochwasser.
Aufn. Knittel (Photohandlung, Husum).

aufstauen, sondern die Wellen über die ganze Nordsee jagen, sie immer höher dabei auftürmen, je länger der Sturm auf sie einwirkt, und sie zuletzt gegen die Deiche branden lassen (Abb. 5 und 6). Es gibt kaum einen Abschnitt der deutschen Nordseeküste, der nicht Narben trüge von den Wunden, die das Meer in einer unabsehbaren Folge von Sturmfluten seit Jahrhunderten geschlagen hat, und die Abb. 7 mag an

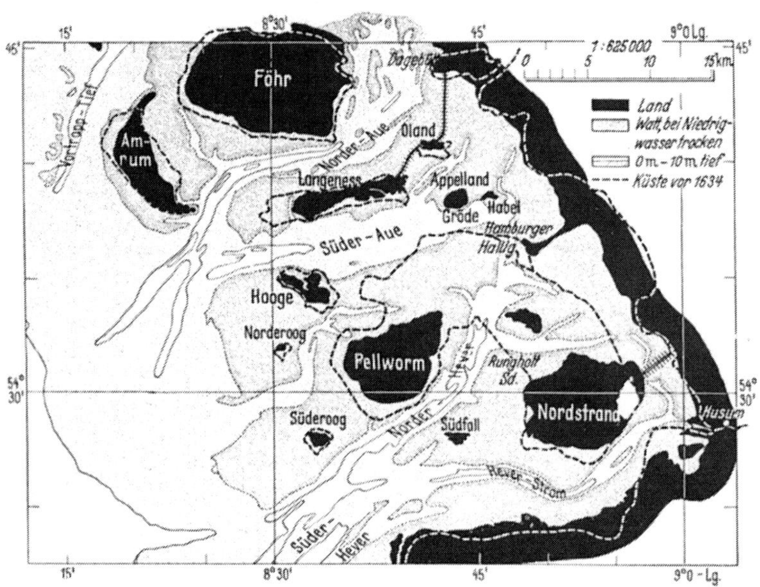

Abb. 7. Gebiet der Halligen. Maßstab 1 : 625 000. Die gestrichelte Linie läßt erkennen, daß der Landverlust größer ist als der Gewinn.

einem Beispiel zeigen, welche Veränderungen, meistens Verluste, das Land allein während der letzten Jahrhunderte erlitten hat. Freilich wird man auf der Karte auch Stellen finden, an denen Land angeschwemmt ist; teilweise durch Sturmfluten selbst an solchen Stellen, an denen das Wasser zur Ruhe kam und seine Sinkstoffe absetzte, zum großen Teile aber unter menschlicher Einwirkung, indem man durch planmäßiges Anlegen von Gräben und Lahnungen (Buhnen) solche „stillen Winkel" schaffte. Immer handelt es sich dabei nur darum, den Naturgewalten nachzuhelfen, und man braucht

10

nur eine Sturmflut erlebt zu haben, um davon durchdrungen
zu sein, wie überwältigend groß die Kräfte der Gezeiten und
des Windes sind gegenüber den menschlichen Anstrengungen.
Es wird häufig darauf hingewiesen, wie sehr ein solcher
Kampf mit den Naturkräften Körper und Charakter des einzelnen erzieht. Daneben darf man nicht die gemeinschaftsbil-

Abb. 8. Hallig Nordstrandischmoor, Neuwarft. Im Vordergrunde
Priele. Vereinzelte Gruppen von wenigen Menschen wohnen zum Schutze
gegen die See auf künstlich aufgehäuften Hügeln (Wurten oder Warften).
Wohnweise unserer Vorfahren an der Küste im ersten Jahrtausend unserer
Zeitrechnung. Aufn. E. Wohlenberg.

dende Wirkung außer Acht lassen. Noch heute können uns
die kleinen nicht eingedeichten Halligen (Abb. 8) ein Bild von
dem Leben unserer Vorfahren vor dem Deichbau geben: Auf
einem künstlich zusammengeschleppten Erdhügel, der je nach
den bitteren Erfahrungen durch Sturmfluten von Zeit zu Zeit
erhöht wurde, erhebt sich einsam ein einzelnes Gehöft oder
höchstens eine ganz kleine Gruppe von solchen, die bei winter-
lichen Sturmfluten als winzige Inselchen, fast wie ein Schiff
von Sturm und Brandung umtost, aus den Wellen heraus-

ragen. Das dazugehörige niedriger gelegene Land wird zu oft von Seewasser überschwemmt, als daß es Korn tragen könnte; es kann nur im Sommer als Weide gebraucht werden, und daher gründet sich das ganze Leben des Halligbauern auf die Viehwirtschaft; alle anderen Nahrungsmittel und sonstiger Bedarf muß vom Festlande herangeschafft werden.

Dagegen schützen die Deiche, mit deren Bau man etwa im 10. Jahrhundert begann, eine große Anzahl Höfe auf einmal, die nicht erhöht angelegt zu werden brauchen; andrerseits jedoch ist auch ein Zusammenwirken vieler Hände notwendig, um Deiche zu schaffen, und beide Umstände erziehen zur Gemeinschaft. Auch in fertigem Zustande verlangt der Deich fortgesetzte Aufsicht und Pflege, wobei jedem Anwohner der an seinem Grundstücke liegende Deichabschnitt zugewiesen wurde nach dem alten Grundsatze: „Wer nich kann diken (= deichen), de mutt wiken" (= weichen), ein Spruch, aus dem ein ähnlicher Geist spricht wie aus dem heutigen Worte: Gemeinnutz geht vor Eigennutz.

II. Gezeitenbeobachtung und Gezeitenvorhersage.

5. Pegel. Strommesser.

Pegel heißen Vorrichtungen, die man benutzt, um die Schwankungen des Wasserspiegels zu messen. Am einfachsten ist es, eine in cm geteilte Latte (Abb. 9) in senkrechter Stellung zu befestigen. Der Wasserstand muß in angemessenen Zeitabständen abgelesen werden, doch erfordert dies eine gewisse Übung, da die Wellenbewegung ziemlich störend ist und an der Küste selten ganz aufhört; man muß daher das Auf und Ab des Wassers eine Zeitlang beobachten und dann den Mittelwert nehmen. Besonders mühsam ist es, den Augenblick des Hoch- und Niedrigwassers festzustellen, weil um diese Zeit der Stand des Wassers sich geraume Zeit nur sehr wenig ändert. Man ist dieser Mühe enthoben, wenn man einen selbstzeichnenden Pegel verwendet, wie sie seit etwa einem Jahrhundert als eines der ältesten selbstschreibenden Instrumente im Gebrauche sind. Die Abb. 10 gibt den Grundgedanken der ältesten Form wieder: Der Schacht A steht mit dem Meere durch die enge Öffnung B in Verbindung, so daß der Schwim-

Abb. 9. Latten-pegel. Die Zahlen bedeuten Meter.

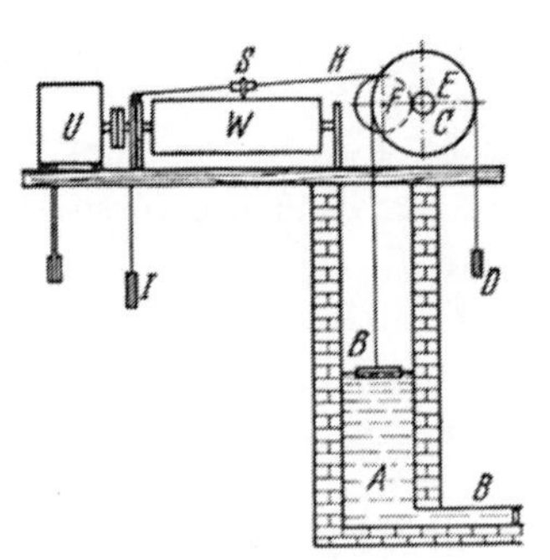

Abb. 10. Selbstschreibender Pegel, schematisch.

B (unten) Verbindungsrohr zum Meere; A Schacht; B (oben) Schwimmer; D Gegengewicht; C, E, F Übertragung; H Faden; I Gewicht zum Spannen; S Schreibstift; W Walze; U Uhrwerk. Nach A. Ott.

mer B von den gewöhnlichen Wellen nicht ergriffen wird und der Schreibstift S auf dem Bogen, der auf der vom Uhrwerk U getriebenen Walze W aufgespannt ist, eine glatte Linie in einer durch das Räderwerk C, E, F bedingten passenden Verkleine-

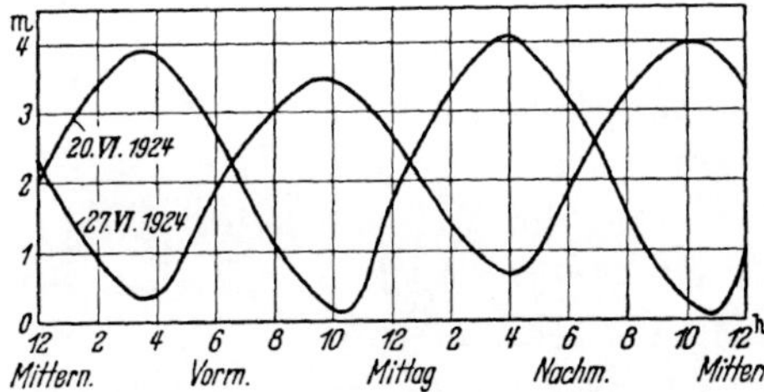

Abb. 11. Aufzeichnungen des Pegels in Bremerhaven. — Man beachte die Unterschiede der beiden Tiden eines Tages und den Unterschied in Eintrittszeit und Höhe zwischen Springtide (20. VI. 1924) und Nipptide (27. VI. 1924).

rung aufzeichnet. Die Einzelheiten im Bau der verschiedenen Pegel seien hier übergangen, und es sei nur noch erwähnt, daß man durch elektrische Fernübertragung die Wasser-standskurve auf einen Bogen Papier auf einem Tische auf-zeichnen lassen kann. Die so erhaltenen Tidekurven (Abb. 11) zeigen neben den schon erwähnten Eigentümlichkeiten: zweimal Hochwasser am Tage, täglicher Ungleichheit, halbmonatlicher Ungleichheit, noch eine ganze Reihe anderer, die namentlich bei länger dauernden Aufzeichnungen hervortreten, und deren Untersuchung eine Aufgabe der Gezeitenforschung bildet.

Die Schwankungen des Wasserspiegels auf See zu messen, ist schwierig. Zwar kann man von einem verankerten Fahrzeug aus in der Flachsee versuchen, durch häufiges Loten den Gezeiten auf die Spur zu kommen, aber Wind und Strom bewegen ein Schiff auch vor der Ankerkette hin und her, und der Meeresboden braucht dann nur ein wenig uneben zu sein, damit die so entstehenden Tiefenänderungen die durch die Gezeiten hervorgerufenen völlig verdecken. Erst in unserer Zeit ist man dazu übergegangen, Instrumente auf den Boden des Meeres zu versenken, die den Wasserdruck und damit die Höhe der darüber stehenden Wassersäule aufzeichnen (Hochseepegel), doch hat man auch hier mit Störungen, z. B. durch Strom, Versanden usw., zu kämpfen. Außerdem beeinflussen den Pegel natürlich auch die Schwankungen des auf dem Meere lastenden Luftdrucks nicht unerheblich: eine Änderung der Quecksilbersäule des Barometers von 20 mm (oder 27 Millibar) könnte bereits eine Wassersäule von $^1/_4$ m Höhe vortäuschen. Dazu kommen Einwirkungen durch verschiedene Erwärmung in der Tiefe. Man ist daher von einer genauen Kenntnis der Gezeiten auf hoher See auch in bekannteren Gewässern, wie in der Nordsee, noch weit entfernt.

Allerdings hat die Schiffahrt kaum das Bedürfnis, den Wasserstand auf tiefen Gewässern zu kennen, da es meistens gleichgültig ist, ob das Wasser im Augenblick um ein paar Meter tiefer oder flacher ist. Anders steht es mit den Strömungen, die, wenigstens in den flacheren Teilen der Nebenmeere, so stark sein können, daß sie die Fahrt des Schiffes merklich beschleunigen oder verzögern. Auch hier kann man bereits mit einfachen Mitteln Erfolg haben, wenn man z. B. ein Log benutzt: Ein dreieckiges Brett ist an einer Kante so beschwert, daß es aufrecht im Wasser stehend schwimmt; an den drei Ecken sind Schnüre befestigt, deren Enden sich in

14

einem Knoten vereinigen, von dem aus eine lange Leine weiter
führt. Wirft man das Log ins Wasser, so stellt es sich infolge
seiner Befestigung quer zum Strome und schwimmt davon,
wobei die an Deck lose aufgeschossen liegende Leine abläuft.
Sie ist in passenden Abschnitten mit Knoten versehen; man
braucht nur die in einer bestimmten Zeit auslaufenden Kno-

Abb. 12a. Strommesser von Böhnecke, geöffnet.

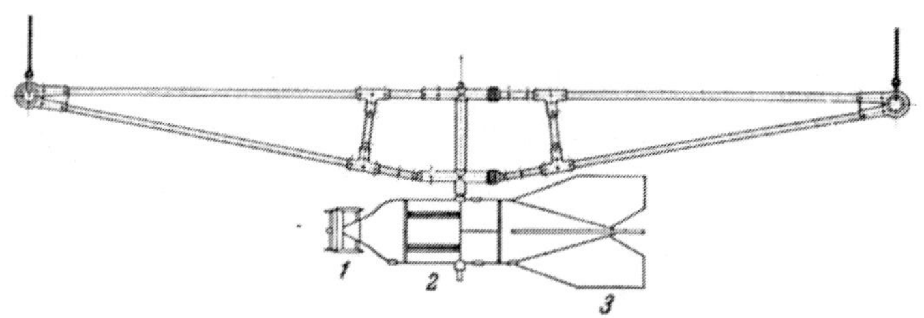

Abb. 12b. Strommesser, am Rahmen ausgebracht.

ten zu zählen, um die Geschwindigkeit des Stroms in „Knoten“, d. i. Seemeilen (zu 1852 m), in der Stunde zu erhalten.
Für die Beobachtung des Stroms in der Tiefe verwendet man
besondere Instrumente, deren es eine große Anzahl verschiedener Arten gibt. Das in Abb. 12a, b wiedergegebene Instrument wird an zwei an den Enden des schweren Rahmens be-
festigten Leinen so versenkt, daß dieser parallel zum Schiffe
hängt. Der Strom versetzt den durch den Ring geschützten
Propeller in Umdrehungen, die durch ein Zählwerk gezählt
und auf Räder übertragen werden, auf deren äußerem Um-

fange in erhabener Prägung Ziffern angebracht sind. Vor den
Ziffern wird ein Streifen Zinnfolie durch ein Uhrwerk vorbei-
bewegt, und in bestimmten Zeitabständen schlagen mehrere
Hämmer gegen den Streifen und pressen ihn gegen die Ziffern, so daß diese sich in ihn eindrücken. Aus der auf diese
Weise verzeichneten Anzahl der Umdrehungen innerhalb einer
bestimmten Zeitspanne kann man nach Aufholen des Instru-
ments die Geschwindigkeit entnehmen. Ein ähnliches Typen-
rad mit Hammer schreibt den Winkel auf, den die Strom-
fahne mit dem Rahmen und also auch mit dem Schiffe bildet; wenn man nun zugleich die Richtung des letzteren (den
Kurs) am Kompaß abliest, kann man die wahre Richtung des
Stroms in der Tiefe finden. Allerdings gehören Strommessungen auf See zu den schwierigsten Beobachtungen, weil auch
ein verankertes Schiff nicht „still hält", sondern von Wind
und Strom unregelmäßig hin und her bewegt wird und dabei
das Meßgerät mit sich schleppt, wodurch zusätzliche Aufzeichnungen entstehen. Schwieriger ist es, Richtung und Geschwindigkeit des Stroms in beliebiger Tiefe von einem Instrumente unbeaufsichtigt aufzeichnen zu lassen, doch ist kaum
zu zweifeln, daß auch dies Ziel einwandfrei erreicht werden
wird, nachdem schon eine Reihe Schritte hierzu getan sind.

6. Vorausberechnung der Gezeiten nach dem älteren Verfahren (LUBBOCK).

Die Gezeiten greifen zu sehr in das Leben des Menschen
ein, mag er nun auf dem Lande an der Küste wohnen oder
zur See fahren, als daß er nicht das dringende Bedürfnis haben
sollte, ihren Ablauf vorher zu kennen. Andrerseits braucht man
die regelmäßige Wiederkehr von Flut und Ebbe nur eine Zeitlang zu beobachten, um angesichts ihres offenbar engen Zu-
sammenhanges mit den fluterzeugenden Gestirnen Sonne und
Mond davon überzeugt zu sein, daß eine solche Vorhersage auch
möglich sein muß, jedenfalls in weit höherem Grade als etwa
die Vorhersage des Wetters mit allen seinen Launen. Man
wird davon ausgehen, daß die *Gezeiten sich in Zukunft ebenso abspielen werden wie in der Vergangenheit,* und man wird

deshalb vor allem die Pegelaufzeichnungen genau untersuchen: Allerdings muß man eine sehr lange Reihe solcher Beobachtungen zugrunde legen; denn wie oben ausgeführt, können Wind und Luftdruck den Verlauf der Gezeiten ziemlich stark verzerren, wenn sie ihn auch, wenigstens an unseren Küsten, nicht ganz unkenntlich machen können. Die Beobachtungsgrundlagen müssen also möglichst alle verschiedenen Wetterlagen umfassen, damit die Wirkungen entgegengesetzter Winde und entgegengesetzter Luftdrucklagen sich beim Berechnen von Durchschnittswerten gegenseitig aufheben und nur die reine Gezeitenwirkung, d. i. die Wirkung der fluterzeugenden Gestirne Mond und Sonne, übrigbleibt. Vor etwa einem Jahrhundert fand LUBBOCK einen gangbaren Weg hierzu[1]. Um etwa die regelmäßige Abnahme von Spring- zur Nipptide und die Zunahme bis zur nächsten Springtide zu erforschen, kann man so vorgehen, daß man alle Hochwasserhöhen, die der Pegel eine längere Reihe von Jahren hindurch aufgezeichnet hat, in Gruppen einteilt nach dem „Alter des Mondes", d. h. entsprechend den 15 Tagen von Neumond bis Vollmond oder Vollmond bis Neumond. Für jedes der 15 Mondalter berechnet man eine mittlere Höhe des Hochwassers. In gleicher Weise bearbeitet man die Niedrigwasser und erhält dadurch 15 verschiedene Tidenhübe, die ein eingehendes Bild der „halbmonatlichen Ungleichheit im Hub" geben. Man darf also eine umfangreiche Rechenarbeit nicht scheuen. Da im vorliegenden Falle nicht nur die Einwirkungen des Windstaus herausfallen sollen, sondern auch der Einfluß der verschiedenen Höhe von Sonne und Mond, ihrer verschiedenen Entfernungen von der Erde usw., so sollte eigentlich die zugrunde liegende Pegelaufzeichnung so lang sein, daß dieselbe gegenseitige Stellung von Sonne und Mond wiederkehrt; dazu gehören etwa 18 Jahre, die bereits den alten Babyloniern bekannte „Sarosperiode", die sie benutzten, um Finsternisse vorherzuberechnen.

Zu der halbmonatlichen Ungleichheit im *Hub* kommt eine solche der *Zeit*. Wohl vergehen im *Durchschnitt* 12 Stunden

---

[1] Die folgende Beschreibung ist gegenüber dem genauen LUBBOCKschen Verfahren ein wenig abgeändert.

25 Minuten von einem Hochwasser bis zum nächsten, aber, genauer betrachtet, nimmt dieser Zeitraum regelmäßig ab und zu im Laufe eines halben Monats, was wiederum auf eine Abhängigkeit vom Monde hinweist. Nun ändert sich zwar die Auf- und Untergangszeit des Mondes von Tag zu Tag, aber in dieser Änderung steckt außer der täglichen Verspätung des Mondes auch die verschieden lange Zeitdauer zwischen Auf- und Untergang, die in noch etwas größeren Grenzen schwankt als die Zeitdauer des Sonnentages zwischen Winter- und Sommersonnenwende. Einen Maßstab für die Geschwindigkeit des Mondes gewinnt man erst, wenn man von Tag zu Tag den Augenblick seines höchsten Standes, seiner Kulmination, feststellt; er steht dann gerade im Süden, im Meridian (Mittagslinie) (s. S. 3), und man kann deshalb den Zeitpunkt der Mondkulmination, den man auch „Mittag“ des Mondtages oder „Mondmittag“ nennen könnte, auch als Meridiandurchgang oder, wenn keine Verwechslung zu befürchten ist, kurz als Durchgang des Mondes bezeichnen. Diesen Zeitpunkt, der übrigens mit der Mitte zwischen Auf- und Untergang des Mondes zusammenfällt, entnimmt man für alle Beobachtungstage einem Kalender und berechnet für jeden von ihnen die Zeit, die zwischen Monddurchgang und Hochwasser vergeht; dieser Zeitraum heißt das *Mondflutintervall.* Man kann nun in der oben beschriebenen Weise für jedes Mondalter ein durchschnittliches Mondflutintervall berechnen und ist dann in der Lage, mit Hilfe eines Mondkalenders Hochwasserzeit und Hub für jeden beliebigen Tag annähernd vorherzusagen. Übrigens steht der Neumond jeweils über oder unter der Sonne, der Vollmond aber ihr gegenüber; beide kulminieren daher ungefähr gleichzeitig mit ihr (oder 12 Stunden später), d. i. um 12 Uhr, und das Mondflutintervall des Voll- und Neumondtages ist daher zugleich die Uhrzeit des Hochwassers an diesem Tage; sie heißt die „*Hafenzeit*“ des Ortes. Entsprechend verfährt man mit den Eintrittszeiten des Niedrigwassers. Die so erhaltene Gezeitenvorhersage muß allerdings noch verbessert werden wegen der wechselnden Entfernung der Himmelskörper, ihrer verschiedenen Höhe usw., doch läßt sich dies alles in ähnlicher Weise erreichen.

7. Vorausberechnung der Gezeiten nach dem neueren Verfahren (Harmonische Analyse).

Man erkennt leicht, daß man auf dem angegebenen Wege nur Zeit und Höhe von Hoch- und Niedrigwasser erhält, diese freilich so gut, daß man lange Jahre hindurch für Gewässer, wie z. B. die Nordsee, davon befriedigt sein konnte. Sobald jedoch das Bedürfnis auftritt, den Wasserstand auch für zwischenliegende Zeitpunkte zu berechnen, muß man neue Hilfsmittel heranziehen. Es gibt ferner Häfen, in denen die halbmonatliche Ungleichheit nicht die Vorherrschaft hat, in denen vielmehr der periodische Ablauf der Gezeiten sehr viel verwickelter ist als bei uns, und so kommt es, daß man nach anderen Wegen Ausschau gehalten hat, um Flut und Ebbe vorauszuberechnen; einen solchen Weg bietet die harmonische Analyse, die ein Menschenalter nach LUBBOCK von Lord KELVIN eingeführt wurde. Worin sie besteht, wird am besten durch einen Vergleich aus der Lehre vom Schalle klar: Schlägt man eine Stimmgabel an, an deren einem Zinkenende eine Borste zum Schreiben angeklebt ist, und zieht sie gleichmäßig über einen Streifen berußtes Papier, so zeichnet die schwingende Zinke eine sehr regelmäßige Wellenlinie auf, die annähernd dem entspricht, was die Theorie eine einfache „harmonische Schwingung" nennt. Das Bild eines aus mehreren Tönen bestehenden Akkordes ist sehr viel verwickelter, da die einzelnen Töne verschieden lange Perioden haben, und da sich die entstehende wellenförmige Linie aus einer Überlagerung der den Einzelbestandteilen zukommenden Linien zusammensetzt. Umgekehrt aber besitzt die Mathematik ein Mittel, die „harmonische Analyse", um aus der scheinbar unregelmäßigen Aufzeichnung irgendeines willkürlich erklingenden Akkordes die ursprünglichen Töne wieder herauszufinden. Es ist offenbar, daß damit auch die Aufgabe gelöst ist, den weiteren Verlauf der Schallaufzeichnung vorherzusagen, indem man nämlich die den Einzeltönen entsprechenden harmonischen Wellenlinien wieder zusammensetzt, eine Aufgabe, die man harmonische Synthese nennen könnte, und deren Bewältigung, wenn erst die schwierigere Analyse vorliegt, nur mehr eine, freilich oft langwierige Rechnung erfordert. Ähnlich verhält es sich mit den Gezeiten, nur daß die Grundtiden durchaus nicht so harmonisch miteinander zusammen„klingen“, wie etwa die Töne auch der schlimmsten Dissonanz; könnten wir sie hören, so würden sie einen ungeheuren Mißklang ergeben.

Es erübrigt noch, den *Begriff der einfachen harmonischen Schwingung* etwas näher zu umschreiben. Ohne mathematische Formulierungen zu Hilfe zu nehmen, kann man sich die Sache etwa folgendermaßen verwirklicht denken: An einer

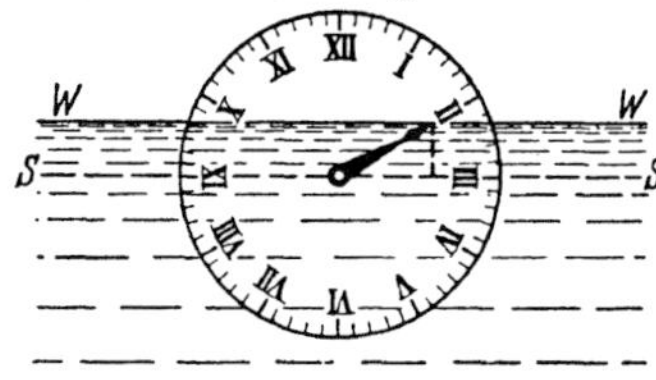

Abb. 13. Harmonische Schwingung des Wasserspiegels.

Ufermauer sei eine Uhr befestigt (Abb. 13), so daß der Mittelpunkt des Zifferblatts sich in der Höhe des mittleren Wasserspiegels SS befindet. Der Minutenzeiger sei entfernt, und der Gang sei so geregelt, daß der Stundenzeiger in einer Tide gerade eine volle Drehung ausführt. Wenn nun das Wasser so schnell steigt oder fällt, daß die Zeigerspitze stets genau im Waserspiegel WW liegt, so heißt die Auf-und-Abbewegung des Wasserstandes harmonisch. Hochwasser ist also, wenn die Uhr XII zeigt, Niedrigwasser um VI. Die Länge des Zeigers

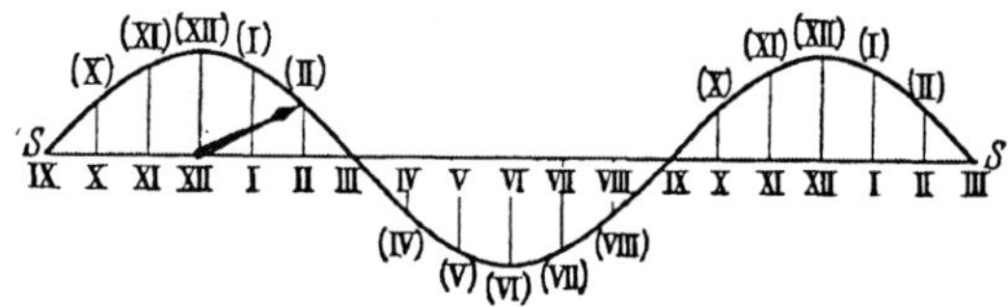

Abb. 14. Sinuslinie (oder Kosinuslinie) als Aufzeichnung der harmonischen Schwingung des Wasserspiegels in Abb. 13.

ist halb so groß wie der Hub und heißt *Amplitude* der Schwingung. Man kann leicht die Kurve aufzeichnen, die ein selbstschreibender Pegel nach Art des in Abb. 10 dargestellten liefern würde: man trägt auf einer geraden Linie die Stunden in gleichen Abständen auf und zieht in jedem Teilpunkte eine Senkrechte, die der Höhe von WW über (oder unter) SS gleich ist (in der Abb. 13 gestrichelt). Die so entstehende Linie (Abb. 14), die man vor- und rückwärts belie-

big weit fortsetzen kann, heißt eine *Sinus- oder Kosinuslinie*,
je nachdem man sie von IX bis IX, also von Mittelwasser bis
Mittelwasser, oder von XII bis XII, also von Hochwasser bis
Hochwasser rechnet. Um die Zeit von Hoch- und Niedrigwasser (XII und VI) ändert sich, wie die Kurve zeigt, der Wasserstand nur langsam, um die Zeit der „halben Tide" (III
und IX) dagegen ziemlich schnell.

Man kann eine Maschine bauen, die Sinuslinien zeichnet,
indem man dafür sorgt, daß ein Zeichenstift sich ebenso auf
und ab (aber nicht hin und her!) bewegt wie die Zeigerspitze in Abb. 13. In der Abb. 15 ist der Zeiger durch einen

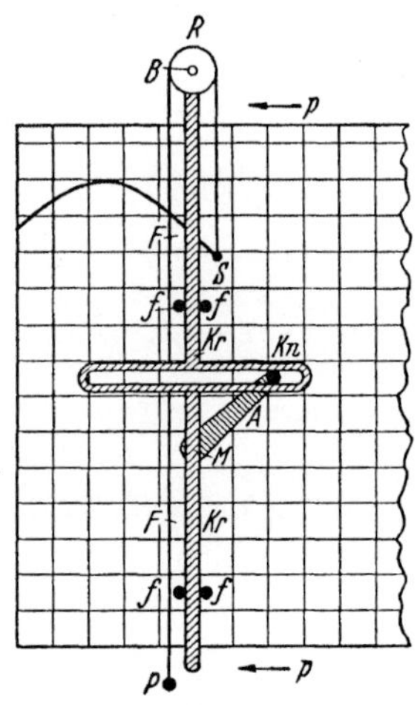

Abb. 15. Maschine zum Erzeugen einer
Sinuslinie:

A Kurbelarm, um *M* mit gleichförmiger
Geschwindigkeit drehbar; der Knopf *Kn*
des Arms greift in den Schlitz des Kreuzstücks *Kr* und bewegt dieses zwischen den
vier Führungsstiften *f* auf und ab. Vom
festen Punkte *P* ist der Faden *FF* über
die um *B* drehbare Rolle *R* des Kreuzstücks *Kr* geführt und hält den Schreibstift *S*, der an einer nicht gezeichneten
Führung auf und ab gleitet und auf dem
in der Pfeilrichtung bewegten Papierstreifen *pp* die Sinuskurve aufzeichnet.

Kurbelarm ersetzt, der ein nur in senkrechter Richtung beweg-
liches Kreuzstück hebt und senkt, während quer dazu ein Papierstreifen *pp* mit gleichförmiger Geschwindigkeit vorbei-
gezogen wird. Der Punkt *B* des Kreuzstücks würde auf dem
Streifen eine Sinuslinie aufzeichnen; ebenso tut dies aber auch
der im Endpunkte des Fadens *FF* befestigte Schreibstift *S*,
indem er um doppelt soviel auf und ab geht. (Man sieht dies
leicht ein, wenn man sich einmal vorstellt, der Faden wäre
nicht an *P*, sondern an *R* befestigt; er würde dann die Bewegung von *R* aufzeichnen und z. B., wenn *R* um 1 cm steigt,
ebenfalls um 1 cm steigen. In Wirklichkeit rollt außerdem
noch 1 cm Faden von rechts nach links, wodurch der Schreib-

stift sich nochmals um 1 cm hebt, im ganzen also um 2 cm.)
— Man erhält auch eine Sinuslinie, wenn man unter einem
schwingenden Pendel (Abb. 16), das einen dünnen Strahl
Farbe austreten läßt, einen Streifen Papier gleichmäßig vor-
beizieht. Endlich gehören die Schwingungen einer elastischen
Feder zu den harmonischen Bewegungen (wie z. B. die einer
Stimmgabel, s. oben).

Würde man die Uhr der Abb. 13 so regeln, daß der Zeiger
zu einer Umdrehung gerade 12 Stunden 25 Minuten braucht,
daß sie also täglich gegenüber einer „richtigen" Uhr 25 Minuten „verliert", so würde die zugehörige Wasserstandsbe-
wegung dem durchschnittlichen Gange des Mondes entspre-

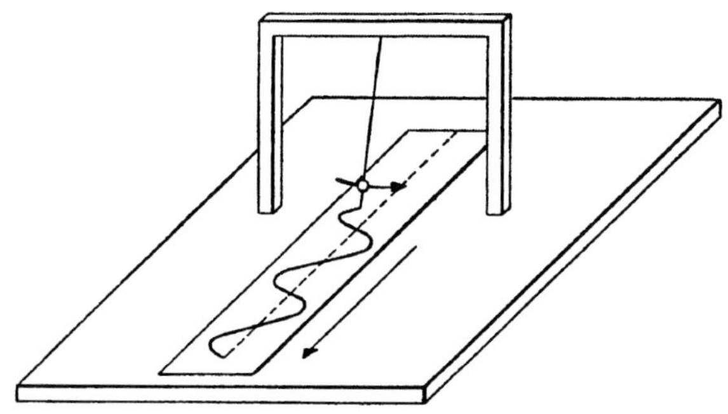

Abb. 16. Andere Erzeugung einer Sinus- oder Kosinuslinie.

chen und damit den Verlauf der Gezeiten an unseren Küsten
in (allerdings roher) Annäherung wiedergeben (vgl. Abb. 11);
dieser Hauptbestandteil der Gezeiten wird mit M_2 bezeichnet.
Einer halb so schnellen Drehungsgeschwindigkeit, also einem
Umlaufe in 24 Stunden 50 Minuten, würde täglich nur *ein*
Hochwasser und *ein* Niedrigwasser (M_1-Tide) entsprechen.
Wenn man nun beide Schwankungen passend überlagert denkt,
so wird von den zwei Hochwassern der M_2-Tide das eine erhöht durch das Hochwasser der M_1, das andere erniedrigt
durch das Niedrigwasser der M_1; ist die M_2 stärker als die
M_1, so kommen „Halbtagstiden" mit einer täglichen Ungleichheit heraus (Abb. 17a); ist aber die M_1 stärker als die M_2, so
ist das Ergebnis eine „Eintagstide", in der das zweite Hochwasser nur mehr angedeutet ist (Abb. 17c). Dazwischen gibt es

22

eine Mischform (Abb. 17b). Ferner: Stellt man die Uhr so, daß sie „richtig" geht, so ist die zugehörige Gezeit eine Halbtagstide, die jedoch an jedem Tage zur gleichen Zeit Hochwasser hat; sie heißt S_2. Fügt man sie so zusammen mit M_2, daß zu einem bestimmten Zeitpunkte die beiden Hochwasser zusammenfallen, so wird sich dies nach ungefähr 29 M_2-Tiden (genauer 28,53), also rund einem halben Monat, wiederholen, da dann zugleich die dreißigste S_2-Tide eintritt. In der Mitte dieses Zeitraums aber fällt Hochwasser der M_2 auf Niedrigwasser der S_2 und wird dadurch abgeschwächt: Spring- und Nipptiden. Die halbmonatliche Ungleichheit ist also ähnlich den Schwebungen, jenem regelmäßigen An- und Abschwellen eines Tones, wenn ein zweiter von fast derselben Schwingungszahl ertönt, wie man dies etwa beim Stimmen eines Klaviers hören kann. In ähnlicher Weise kann man allen anderen Eigentümlichkeiten der Gezeiten gerecht werden, die z. B. der

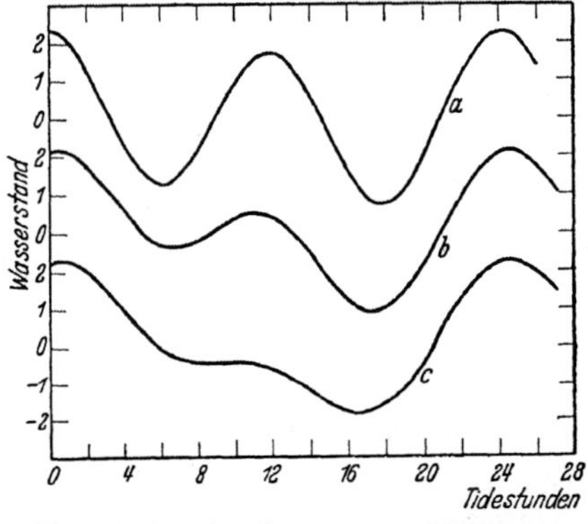

Abb. 17. Gezeitenformen: a) Halbtags-, b) gemischte, c) Eintagsgezeiten.

verschiedenen Entfernung, der wechselnden Höhe der Gestirne usw. entsprechen. Natürlich muß man hierzu eine große Reihe von „Teiltiden" einführen, unter denen man drei verschiedene Gruppen unterscheidet: 1. die halbtägigen nach Art der bereits genannten M_2 und S_2, die man durch eine angehängte $_2$ kenntlich macht, 2. die ganztägigen mit einer angehängten $_1$, und 3. die Tiden von langer Periode ohne kennzeichnende Ziffer.

Um nach dem harmonischen Verfahren die Gezeiten eines Hafens vorherzusagen, muß man zunächst die bisher beobachteten Wasserstände in einzelne harmonische Teiltiden zerlegen. Die harmonische Analyse durchfahndet deshalb die Pegelkurven nach allen möglichen Perioden, die den fluterzeugenden Gestirnen eigen sind, und stellt für jede so ermittelte

Teiltide ihre Amplitude (= halber Hub, vgl. den Zeiger Abb. 13) und die Zeit fest, zu welcher Hochwasser eintritt, d. i. die Zeit, zu welcher der Zeiger der Abb. 13 auf XII steht. Daß das Ziel erreicht ist und alle periodischen Anteile der Pegelaufzeichnung erfaßt sind, erkennt man daran, daß keine periodischen Schwankungen des Wasserstandes mehr übrigbleiben, wenn man die durch die harmonische Analyse berechneten Wasserstände von den wirklichen abzieht. Z. B. sind in Abb. 18a zunächst die beobachteten Wasserstände aufgetragen, die neben deutlichen Halbtagsgezeiten allerhand unregelmäßige Schwankungen erkennen lassen. Unter den durch harmonische Analyse aus ihnen herausgesonderten Teiltiden, Abb. 18b, nehmen die Halbtagstiden M_2 und S_2 den Hauptteil in Anspruch; als „Phase“ ist hier der Zeitraum bezeichnet, der vom Beginn der Beobachtungen bis zum ersten Hochwasser vergeht, also bis XII Uhr der betreffenden Tide; doch wird das Wort auch in anderer Bedeutung gebraucht. Neben einer ganzen Reihe schwächerer Halbtagstiden und neben den Eintagstiden K_1 und O_1 treten noch mehrere „Obertiden“ ähnlich den Obertönen einer Saite auf, wie die Vierteltagstide M_4 und die Sechsteltagstide M_6 u. a. m. Die Perioden der Teiltiden sind folgende (in Stunden):

1. **Eintagstiden:** K_1 O_1
   Periode: 23,93   25,82

2. **Halbtagstiden:** M_2 S_2 N_2 L_2 K_2 ν_2 μ_2 $2SM$ λ_2
   Periode: 12,42   12,00   12,66   12,19   11,97   12.63   12,87   11,61   12,22

3. **Ober- und Kombinationstiden:** M_4 M_6 MS_4 MN_4
   Periode: 6,21   4,14   6,10   6,27

Abb. 18c gibt die Summe aller dieser im Gange verschiedenen und daher beständig sich gegeneinander verschiebenden Wellen wieder und zeigt, daß im wesentlichen Halbtagstiden mit täglicher und halbmonatlicher Ungleichheit herauskommen (Schwebungen). Durch Abziehen dieser Wasserstände 18c von den gegebenen 18a ergibt sich endlich als Rest 18d ohne erkennbare Periode; in der letzteren Kurve hat man daher die Wirkungen des Windes und des Luftdrucks zu erblicken.

24

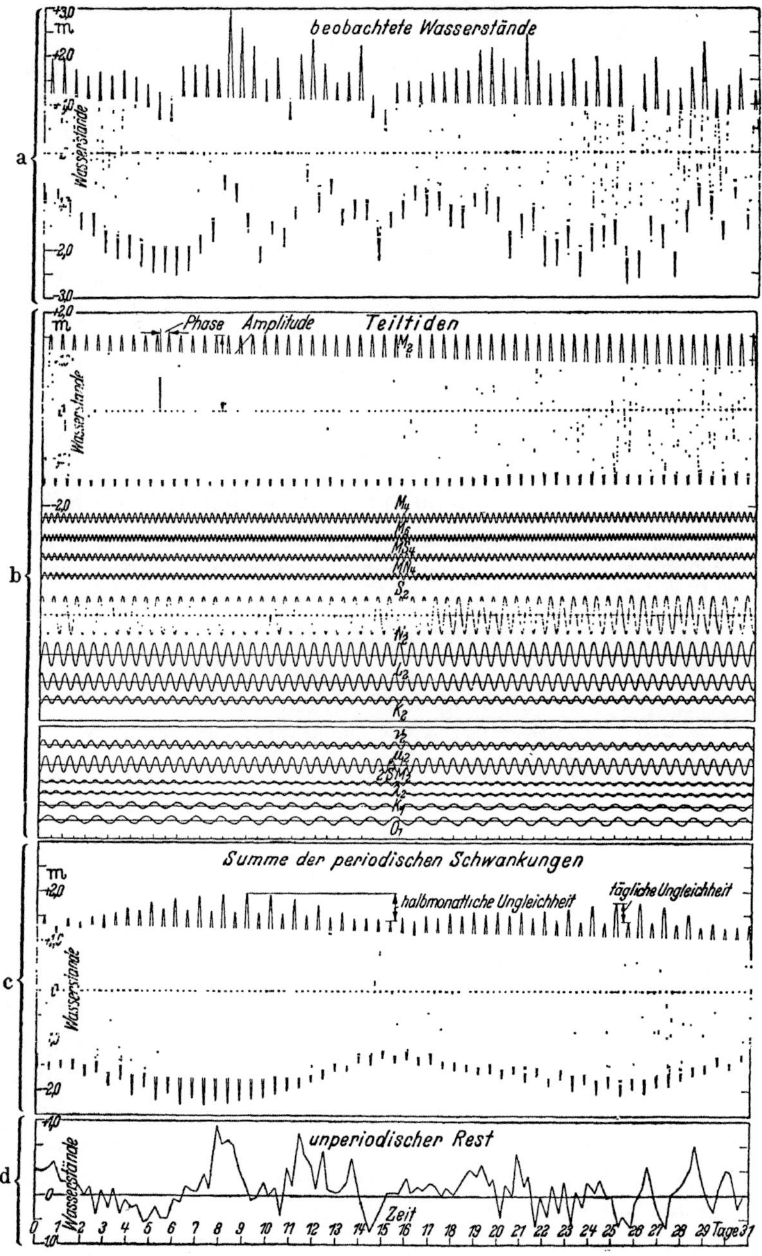

Abb. 18. Harmonische Analyse: a) beobachtete Wasserstände, b) harmonische Teiltiden, c) deren Summe, d) unperiodischer Rest (Windstau). Nach E. Schultze.

Es ist klar, daß man eine Vorhersage der Gezeiten für beliebige künftige Zeiten erhalten kann, wenn man die Sinuslinien der Abb. 18b fortsetzt und für jeden Zeitpunkt die durch sie angegebenen Wasserstände addiert. Allerdings ist es ziemlich mühsam, diese Addition einer großen Anzahl gegeneinander verschobener Wellenlinien auszuführen; man kann jedoch die Arbeit einer Maschine zuweisen. In Abb. 19 sei R_1

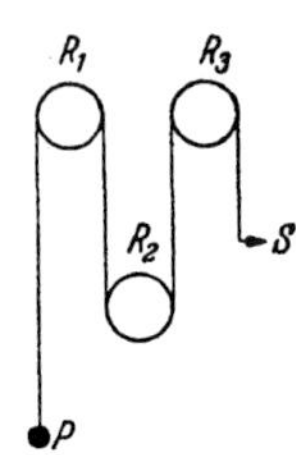

Abb. 19.
Wirkungsweise einer Gezeitenrechenmaschine. R_2 feste, R_1 und R_3 auf und abgehende Rollen, P festes Ende des Fadens, S Schreibstift.

eine von einer Maschine nach Art der Abb. 15, S. 21, etwa mit der Periode 12 Stunden 25 Minuten auf und ab bewegte Rolle, über die von dem festen Punkte P aus ein Faden läuft; ein an ihm befestigter Schreibstift würde eine Sinuslinie aufzeichnen, und dies würde sich nicht ändern, wenn man den Faden etwa noch über zwei weitere feste Rollen R_2 und R_3 führen würde. Sorgt man aber dafür, daß zwar R_2 fest bleibt, R_3 sich jedoch mit der Periode 12 Stunden auf und ab bewegt, so zeichnet der Schreibstift S eine aus beiden Schwingungen zusammengesetzte Welle auf, im vorliegenden Falle also eine Gezeitenkurve mit halbmonatlicher Ungleichheit. In derselben Weise kann man fortfahren und beliebig viele Tiden hintereinander schalten. Natürlich ist es nicht nötig, daß die Schwingung von R_1 z. B. wirklich ganze 12 Stunden 25 Minuten und die von R_3 12 Stunden dauert, sondern beide Perioden brauchen nur in dem durch diese beiden Zahlen gegebenen Verhältnisse zu stehen, und die Maschine kann beliebig schnell laufen. Allerdings muß sie, um z. B. die Kurve 18c zu liefern, 15 bewegliche Rollen, jede mit einer anderen Periode, auf und ab bewegen; sie muß deshalb ziemlich groß sein und verwickelte Zahnradübertragungen haben. Damit sie für verschiedene Häfen brauchbar ist, sind die Kurbeln (Abb. 15) sowohl der Länge nach (Amplitude) als der Anfangsstellung nach (Phase) verstellbar.

III. Die fluterzeugenden Kräfte.

8. Erklärung der Gezeiten nach NEWTON.

Es ist behauptet worden, die Wissenschaft hätte ihr Ziel erreicht, wenn sie in der Lage wäre, den zukünftigen Verlauf der Naturerscheinungen vorauszuberechnen. Wäre dem so, dann müßte das im vorstehenden in den Grundzügen gegebene Bild der Gezeiten vollauf befriedigen. Denn wenn nur genügend genaue und zeitlich ausgedehnte Beobachtungen des Wasserstandes von einem Hafen vorhanden sind, so kann die harmonische Analyse den Ablauf der Gezeiten bis in die entferntesten Zeiten vorhersagen.

Aber unser heutiges naturwissenschaftliches Denken will sich mit einem solchen Ergebnisse, obwohl es für die Bedürfnisse des täglichen Lebens ausreicht, nicht zufrieden geben, sondern es verlangt nach einer *„Erklärung"!* Und es befriedigt auch noch nicht, aus der Erfahrung zu wissen, daß ein enger Zusammenhang zwischen den Gezeiten und den fluterzeugenden Gestirnen Sonne und Mond besteht. Eine Erklärung, die uns befriedigen soll, muß dynamischer Art sein: Sie muß *„Kräfte"* aufzeigen, vermittels deren die Gestirne die Erscheinungen der Ebbe und der Flut hervorrufen, und sie muß einen Zusammenhang zwischen ihnen und bereits bekannten Kräften herstellen oder, wenn ein solcher nicht vorhanden sein sollte, die fluterzeugende Kraft durch Vergleich mit bekannten Kräften *vertraut* machen:

> „Daß ich erkenne, was die Welt
> Im Innersten zusammenhält."

Noch gebieterischer erhebt sich die Frage nach einer Erklärung, wenn eine Übersicht über die beobachteten Gezeiten ganz erhebliche Unterschiede an Größe ergibt, gelegentlich sogar bei Häfen, die nur wenig voneinander entfernt sind: Z. B. hat Hirtshals in Nordjütland einen Springtidenhub von nur 0,3 m, Cuxhaven dagegen 3,2 m und London sogar 6,6 m. In der Bucht von St. Malo westlich der Normandie und im Bristolkanal erreicht die Springtide 12,5 m, in dem gegenüber, auf der Nordseite des Kanals gelegenen Portland jedoch nur 2,0 m, wobei erwähnt sein mag, daß der größte Springtidenhub auf der Erde in der Fundybai (Neuschottland) mit nicht weniger als 15 m beobachtet worden ist.

Zwei Fragen sind es somit, die eine nähere Erklärung erheischen:

1. *Auf welche Weise bewirken Sonne und Mond Ebbe und Flut?*

2. *Wie erklären sich die Unterschiede der Gezeiten in den verschiedenen Gewässern der Erde?*

Die erste dieser beiden Fragen bildet den Gegenstand des vorliegenden Kapitels; die zweite, weit schwierigere, wird den ganzen Rest dieses Buches in Anspruch nehmen.

Die Frage nach der fluterzeugenden Kraft der Gestirne — für den Augenblick sei hierbei an die des Mondes allein gedacht und die der Sonne vorläufig zurückgestellt — beantwortete NEWTON auf Grund seines Gesetzes der allgemeinen *Massenanziehung* oder *Gravitation*. Freilich war das Ziel dieser Lehre viel weiter gesteckt; war sie doch dazu bestimmt, die Zusammenhänge des Weltsystems zu erklären. Jeder kennt die nach außen drängende Fliehkraft oder Zentrifugalkraft, die sich bemerkbar macht, sobald man sich mehr oder weniger schnell in einer Kurve bewegt, und der man gewöhnlich durch ein Neigen nach der Innenseite der Bahn entgegenwirkt, damit das Fahrzeug oder der sich bewegende Körper nicht aus der Bahn nach außen geschleudert wird. Daß diese Kraft nicht etwa eine Gefühlstäuschung ist, bewies NEWTON, indem er ein Gefäß mit Wasser in Drehung versetzte und darauf hinwies, wie das Wasser gegen den Rand gedrängt wurde. Überträgt man die Betrachtung auf die Bewegung zweier Weltkörper, etwa der Erde und des sie umkreisenden Mondes, so wird man zu der Frage genötigt, welche Kraft es denn in diesem Falle verhindert, daß der Mond durch die Fliehkraft aus seiner Bahn und in den Weltenraum geschleudert wird. NEWTON gab die Antwort, indem er beiden Weltkörpern eine gegenseitige Anziehung zuschrieb; diese mußte so groß sein, daß sie gerade der Fliehkraft die Waage hielt; denn wäre sie z. B. kleiner als diese, so würden die beiden Weltkörper auseinandergetrieben und umgekehrt. Diese Anziehungskraft ist jedoch nicht nur zwischen Erde und Mond wirksam, sondern zwischen irgendwelchen beliebigen Körpern, und sie ist nur eine Verallgemeinerung dessen, was wir auf der Erde die Schwerkraft nennen, vermöge deren jeder Körper bei uns dem Erdmittelpunkte zustrebt. Die Massenanziehung ist um so größer, je größer die sich anziehenden Massen sind, und um so kleiner, je weiter sie voneinander entfernt sind. Sie ist ferner, wie jede andere Kraft, eine gegenseitige: der Mond zieht die Erde ebenso stark an, wie er selbst von ihr angezogen wird. Daher kommt es, daß die Erde bei dem Umlaufe des Mondes nicht unbeweglich bleibt, sondern infolge der Rückwirkung ebenfalls in Drehung gerät, etwa wie zwei spielende Kinder, die sich an den Händen fassen, umeinander herumwirbeln. Allerdings ist bei dem Paar „Erde—Mond" die Erde weitaus im Übergewichte und verändert ihren Ort bei weitem weniger als der Mond; der gemeinsame Schwerpunkt, um den beide Gestirne sich drehen, liegt noch innerhalb des Erdkörpers, nur etwa $3/4$ Erdhalbmesser von ihrem Mittelpunkte entfernt. Um diesen Punkt beschreiben demnach Mond und Erde beide eine volle Drehung innerhalb eines Monats (die Erde noch außerdem ihre täglich wiederholte Achsendrehung). Nicht nur der Mond erfährt deshalb eine Fliehkraft (von der Erde fort), sondern auch die Erde und alle auf ihr befindlichen Körper; jedes kg irdischer Masse strebt mit der allerdings nur geringen Kraft von 3,38 mg vom Monde fort.

Erst dadurch, daß die Erde eine Masse von fast 6 Quadrillionen kg hat, wächst diese kosmische Kraft über jedes Vorstellungsvermögen.

Um der Vorstellungskraft einen festen Halt zu geben, sei in Abb. 20 $ADBC$ ein Schnitt durch die Erde längs des Äquators; zur Vereinfachung wurde zunächst angenommen, der Mond M umlaufe die Erde in der Ebene des Äquators. Da der Abstand zwischen den beiden Mittelpunkten von Erde und Mond hier als unveränderlich anzusehen ist, halten sich nach dem oben Gesagten die Fliehkraft und die Anziehungskraft in F die Waage, wirken also beide, wie ausgeführt, auf eine kg-Masse mit 3,38 mg; anders in A; hier ist wegen des geringeren Ab-

standes vom Monde die Anziehungskraft etwas größer, nämlich $= 3{,}49$ mg, und in B ist sie wegen der größeren Entfernung vom Monde schwächer, nämlich $= 3{,}27$ mg. In A ergibt
sich mithin eine Restkraft von $0{,}11$ mg (oder einem Neun-

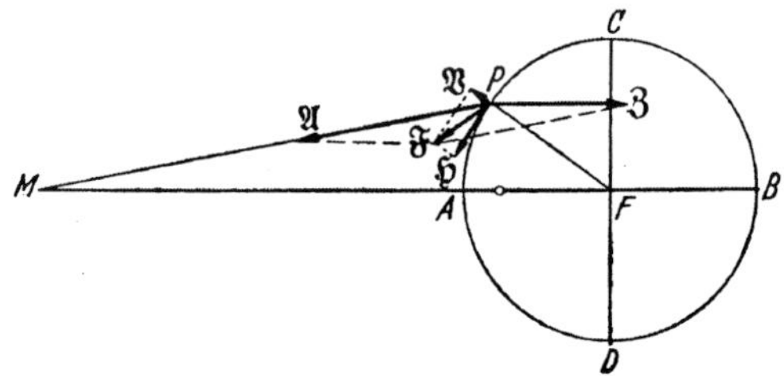

Abb. 20. Entstehung der fluterzeugenden Kraft. Nach Newton.

millionstel kg) nach M hin, und in B eine ebensolche von
$0{,}11$ mg von M fort; beide Restkräfte wirken nach „oben“,
denn „unten“ ist für den Erdbewohner überall die Richtung
nach dem Erdmittelpunkte F, und „oben“ die Richtung von
F fort. In einem beliebigen anderen Punkte P des Äquators

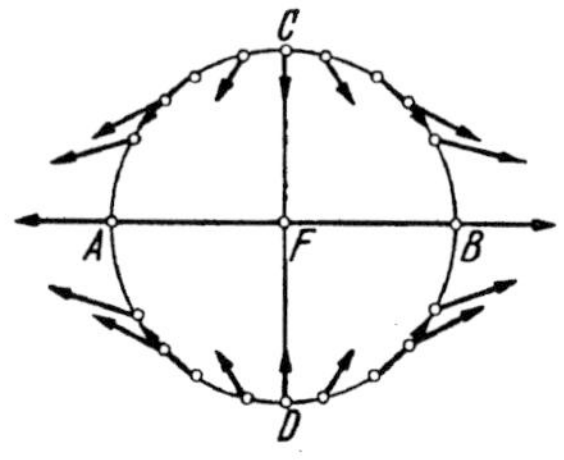

Abb. 21. Verteilung der fluterzeugenden Kraft rund um den Äquator. Nach G. H. Darwin.

bildet die Anziehungskraft mit der Fliehkraft einen, wenn auch äußerst flachen Winkel; nach dem Satze vom Parallelogramm der Kräfte ergibt sich daraus eine resultierende Kraft $\mathfrak{F}$, die *fluterzeugende Kraft*. Verfährt man so entlang dem Äquator, so erhält man das Kraftfeld der Abb. 21. Nur an vier Punkten wirkt die fluterzeugende Kraft oder Gezeitenkraft senkrecht zur Erdoberfläche, nach oben oder nach unten; an vier anderen hat
sie die Richtung der Tangente, wirkt also waagerecht, und
in den übrigen weist sie schräg nach oben oder nach
unten. Um ihre Wandlungen im Laufe eines Tages zu erkennen, denke man sich den Mond und das von ihm hervorgerufene Gezeitenkraftfeld fest, während die Erde ihre tägliche
Achsendrehung um F links herum ausführt. Ein Bewohner
des Äquators wird dann alle Pfeile des Feldes durchlaufen
und feststellen müssen, daß er zweimal die gleichen Kräfte

beobachtet hat. Daß diese das eine Mal von einem Überschusse der Anziehungskraft, das andere Mal von einem solchen der Fliehkraft herrühren, entzieht sich seiner Wahrnehmung. Es leuchtet jedoch ein, daß es unmöglich ist, die Gezeiten etwa allein aus der Anziehungskraft heraus zu verstehen, wenn man die Fliehkraft beiseite lassen würde. In Wirklichkeit steht allerdings auch der Mond nicht fest, sondern macht, ebenfalls links herum, in 27,3 Tagen einen Umlauf um die Erde; wenn daher der Bewohner des Äquators an seinem Ausgangspunkte, etwa in der alten Lage von *A*, wieder angekommen ist, hat sich der auf den Mond hin zeigende Pfeil ein wenig weiter gedreht, und es dauert nicht einen Tag, sondern 50 Minuten länger, bis der Beobachter ihn eingeholt hat und seine Runde durch das Kraftfeld von neuem beginnt. Er erlebt folglich in 24 Stunden 50 Minuten zweimal den gleichen Wandel der Gezeitenkraft. Damit hat die NEWTONsche Theorie die *Halbtagsgezeiten* erklärt[1].

In der Abb. 21 sind die Pfeile der Deutlichkeit halber sehr groß gezeichnet; man darf sich dadurch nicht etwa zu dem Glauben verführen lassen, es handle sich um große Kräfte, und es müßten z. B. dem Bewohner des Äquators jedesmal, wenn er sich dem Punkte *A* oder *B* nähert, die Haare im Sinne der Pfeile zu Berge stehen; wollte man nämlich die in *A* wirksame Schwerkraft ebenfalls durch einen nach *F* zeigenden Pfeil darstellen, so müßte dieser nicht weniger als 60 km lang sein! Jeder Körper, auch ein Haar, wird in *A* nur um ein Neunmillionstel seines Gewichtes leichter und strebt daher nach unten; damit verlieren auch verbreitete andere abergläubische Vorstellungen von der Wirkung der Gezeitenkraft auf den menschlichen Körper ihren Grund; wird doch sogar ein Mensch von 90 kg Körpergewicht nur um 10 mg leichter, wenn der Mond seine stärkste Wirkung ausübt, d. i. um das Gewicht etwa eines Schweißtropfens oder einer Träne. Vielmehr entwickelt die Gezeitenkraft ihre stärkste Wirkung in waagerechter Richtung, wo sie nicht die Schwerkraft zu überwinden braucht. Man zerlegt daher in jedem Punkte die Kraft in einen waagerechten und einen senkrechten Anteil (Abb. 20)

---

[1] Für eine genauere Betrachtung s. Anhang I, S. 102 ff.

$\mathfrak{V}$ und $\mathfrak{H}$, und es ist die letztere, welche für die Bewegung des Wassers maßgebend ist.

Um vom Äquator zur ganzen Erdkugel überzugehen, denke man sich die Abb. 21 um AB als Achse gedreht. Der Kreis $ACBD$ beschreibt alsdann eine Kugel, die Erde, und CD einen Längenkreis [1]. Die waagerechten Teilkräfte verteilen sich in der Art der Abb. 22 über die Erdoberfläche, wenn der Mond wiederum im Zenit von A steht. In dem von C (oder D) durch-

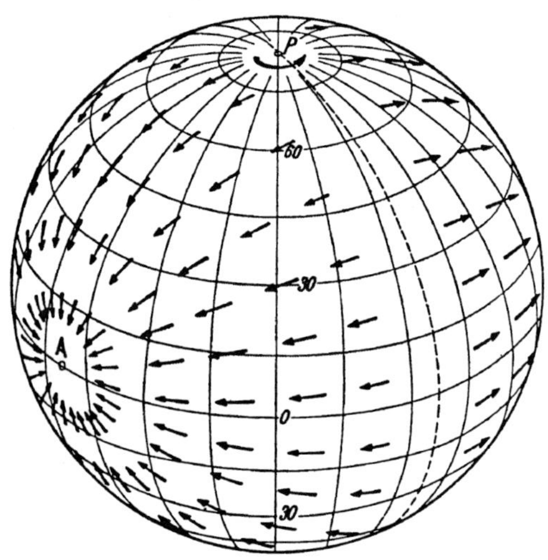

Abb. 22. Verteilung der waagerechten Komponente der fluterzeugenden Kraft über die Erde, wenn der Mond über dem Äquator (in Richtung vom Erdmittelpunkte über A hinaus) steht.

laufenen Meridian (in der Abb. 22 gestrichelt) verschwindet die waagerechte Komponente; hier ist die Grenze zwischen „Zenit-" und „Nadirflut". Man sieht, wie der Mond das Wasser nach A (und entsprechend nach dem nicht sichtbaren B) hin sammelt. Nun werde wieder das Kraftfeld festgehalten, und die Erde drehe sich um ihre Achse von links nach rechts (im Sinne des Pfeils beim Pole P); welche Wandlungen der Gezeitenkraft nimmt alsdann ein Bewohner, z. B. des 3o. Breitenkreises, wahr? Wenn er am linken Rande in das Bildfeld

---

[1]) Man drehe etwa einen Drahtring $ACBD$ schnell um den Durchmesser AB; man erblickt dann eine Kugel.

eintritt, weist die fluterzeugende Kraft nach OSO, dann nach SO, S, SW, WSW, W, bis nach Überschreiten der gestrichelten Grenze das Spiel von neuem beginnt. Die Gezeitenkraft schwankt hier nicht zwischen Ost und West wie am Äquator, sondern sie durchläuft die Richtungen der Windrose, wobei sie zugleich anschwillt und wieder abnimmt. Wenn der Beobachter ihre Richtung und Größe durch Pfeile darstellt, die er etwa stündlich von seinem Standpunkte aus zieht, so liegen die Spitzen der Pfeile auf einer Ellipse (Abb. 23)[1]. Ferner aber ist zu beachten, daß auch für den Bewohner des dreißigsten, ebenso wie für den eines beliebigen Breitenkreises, die Zenit- und

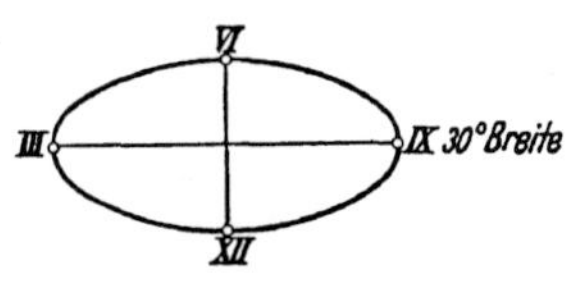

Abb. 23. Gang der Gezeitenkraft M_2 während einer Periode an verschiedenen Punkten der Nordhalbkugel. Die Gezeitenkraft entspricht nach Größe und Richtung einem Pfeil, den man sich jeweils vom Mittelpunkte der Ellipse nach dem mit der Stundenziffer bezeichneten Punkte gezogen denken muß.

---

[1] Bei näherem Hinsehen wird der Leser bemerken, daß unter den aufgezählten Richtungen alle nördlichen fehlen, daß also die Kraft nicht rein periodisch ist. In der Tat wird der Beobachter auf dem 30. Breitenkreise feststellen, daß im Verlaufe einer Tide jeder westlichen Kraftkomponente eine gleich große östliche entspricht, so daß sie sich gegenseitig wieder aufheben, wenn man einen Durchschnittswert berechnet. Im Gegensatze hierzu werden die südlichen Komponenten durch keine nördlichen wieder aufgehoben, und es bleibt daher im Durchschnitt eine südliche Restkraft übrig. Die harmonische Analyse scheidet deshalb die Gezeitenkraft in einen festen, mit der Zeit nicht veränderlichen Bestandteil (= die Restkraft) und in einen rein periodischen. Der erstere spielt für den Ablauf der Gezeiten keine Rolle, sondern bewirkt nur eine dauernde geringe Ablenkung der Schwerkraft. Der periodische Anteil dagegen entspricht den in Abb. 23 dargestellten Ellipsen; zu jedem vom Mittelpunkte aus gezogenen Kraftpfeile gehört ein gleich großer von entgegengesetzter Richtung. Man kann jedoch leicht wieder zu den in Abb. 22 zum Ausdrucke kommenden Gesamtkräften übergehen: man braucht nur in den Ellipsen der Abb. 23 die Pfeile von dem mit VI bezeichneten Punkte, anstatt von der Mitte aus, zu ziehen. Man bekommt alsdann wieder Kräfte ausschließlich nach südlichen Richtungen mit einem Höchstbetrage um 12 Uhr, wenn der Beobachter sich auf dem Längenkreise von A befindet, und vom Betrage Null um 6 Uhr, wenn er den gestrichelten Längenkreis quert.

die Nadirflut vollkommen gleich verlaufen, mithin der M_2-Tide der harmonischen Analyse entsprechen; und umgekehrt kann man die M_2-Tide so deuten, als ob sie von einem die Erde im Äquator gleichmäßig umkreisenden Monde hervorgerufen würde. Am Pole verschwindet sie beiläufig, wie Abb. 22 (und Abb. 21) beweist.

Auch die *tägliche Ungleichheit* bereitet der NEWTONschen Theorie keine Schwierigkeiten. Wenn nämlich der Mond nicht über dem Äquator steht, sondern etwa über der Nordhalbkugel, so geht die Kräfteverteilung der Abb. 22 in die der

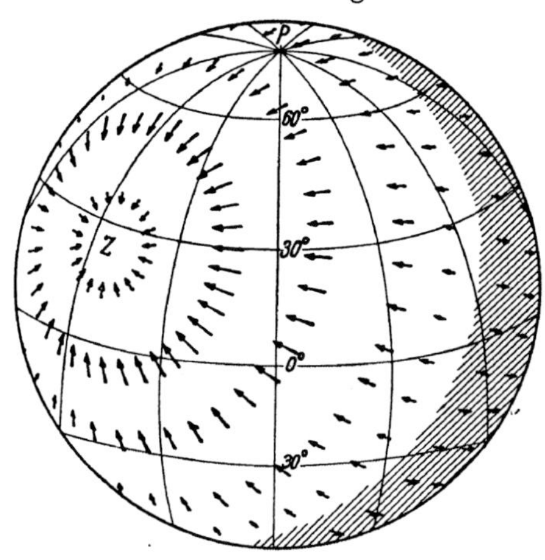

Abb. 24. Entstehung der täglichen Ungleichheit. — P = Nordpol, Z = Ort, in dessen Zenit der Mond steht.

Abb. 24 über. Der Beobachter auf dem 30. Breitenkreise wird jetzt durch die Erdumdrehung ziemlich nahe am Zenitpunkte Z (der an die Stelle von A getreten ist) vorbeigeführt, aber er wird auf der nicht sichtbaren Seite der Erdkugel den Nadirpunkt, der ja als Antipodenpunkt Z gegenüber auf der Südhalbkugel liegt, in weit größerem Abstande passieren; Zenit- und Nadirflut müssen darum für ihn verschieden stark sein.

Was endlich die *halbmonatliche Ungleichheit* anlangt, so beruht sie auf dem Zusammenwirken von Mond und Sonne. Bei Neumond stehen Sonne und Mond von der Erde aus in gleicher Richtung. Das Kraftfeld des Mondes wird dann durch

das der Sonne verstärkt; letztere besitzt zwar eine ungeheuer
viel größere Masse als der Mond, aber sie ist andrerseits so
viel weiter von der Erde entfernt, daß ihre fluterzeugende Kraft
nur 46,6 % von der des Mondes ausmacht. Bei Vollmond wird
also die fluterzeugende Kraft des Mondes ungefähr auf das
Anderthalbfache verstärkt. Dasselbe findet bei Vollmond statt,
weil dann der Mond der Sonne gerade gegenüber steht, vgl. in
Abb. 21, S. 3o, die Punkte A und B. In beiden Stellungen, den
sog. „Syzygien", ergaben sich *Springtiden.* Beim ersten und
letzten Viertel („Quadraturen") dagegen stehen beide Gestirne
kreuzweise zueinander, etwa wie AB und CD, und es ist er-
sichtlich, daß ihre Kraftpfeile einander dann entgegengesetzt
sind; der Einfluß des Mondes wird dann durch die Sonne auf
ungefähr die Hälfte herabgesetzt: *Nipptiden.*

Die anderen Himmelskörper unseres Sonnensystems sind
teils zu klein, teils zu weit entfernt, um eine merkliche fluterzeugende Wirkung auszuüben. Andrerseits fordert die NEW-
TONsche Theorie, wie man leicht einsieht, daß aller Wechsel
in Entfernung, Höhe, Geschwindigkeit usw. der beiden fluterzeugenden Gestirne sich in den Gezeiten widerspiegeln
muß. Da die Astronomie den Lauf von Mond und Sonne hinreichend genau kennt, so kann sie der harmonischen Analyse
die Perioden angeben, nach deren Einfluß die Pegelaufzeichnungen zu durchforschen sind.

9. Nachweis der NEWTONschen Kräfte.

Es ist NEWTON nicht beschieden gewesen, sein Gesetz der
Gravitation, das er allein aus der Bewegung der Himmelskörper hergeleitet hatte, durch Versuche an irdischen Körpern
zu bestätigen, und es verging ein Jahrhundert, ehe dies
CAVENDISH gelang. Er benutzte zum Messen der ja nur kleinen
Kräfte die Drehwaage; deren Hauptteil war ein in waagerechter Lage an einem so dünnen Drahte aufgehängter Holz-
stab, daß er sich sehr leicht drehen konnte; an jedem Ende
trug er eine Bleikugel von 73o g Masse. Näherte man gleichzeitig einer jeden eine große Bleikugel von 158 kg, so drehte
sich der Waagebalken, weil sie sich anzogen. Bei einem Ab-

stande von 20,32 cm zwischen großer und kleiner Kugel betrug die Anziehungskraft 0,02 mg! Man versteht, daß es lange Zeit Schwierigkeiten bereitete, so kleine Kräfte zu messen. Die Gezeitenkraft läßt sich auf diese Weise aber nicht beobachten, da sie auf alle Kugeln gleichzeitig wirkt. Bis man sie nachweisen konnte, verging abermals ein Jahrhundert.

Oben wurde ausgeführt, daß die fluterzeugende Kraft im besten Falle dazu ausreicht, die Schwerkraft um ein Neunmillionstel zu vermindern. Denkt man sich also etwa eine elastische Spiralfeder, die so nachgiebig ist, daß ein daran gehängtes kg-Gewicht sie um einen Meter in die Länge zieht, so würde sich ihr Endpunkt um die winzige Strecke von $^1/_{9\,000\,000}$ m oder $^1/_{9000}$ mm ($= ^1/_9$ Mikron, wo 1 Mikron $[\mu]$ ein tausendstel mm bedeutet) unter der Wirkung der Gezeitenkraft auf und ab bewegen! Ein Betrag, der auch mit den besten Mikroskopen nicht festzustellen ist. Faßt man die waagerechte Komponente der fluterzeugenden Kraft allein ins Auge, so würde sie z. B. ein frei hängendes Pendel ein wenig zur Seite ziehen, so daß es im Laufe einer Tide, je nach der geographischen Breite, in der man sich befindet, eine der Ellipsen der Abb. 23 beschreibt. Aber auch hier beträgt der Höchstwert nur ein Zwölfmillionstel der Schwerkraft. Wäre das Pendel 12 m lang, so würde seine Spitze um den zwölfmillionsten Teil davon, d. i. um etwa $^1/_{1000}$ mm, oder ein Mikron, ausschlagen. Oder, anders ausgedrückt, jedes frei aufgehängte Lot wird im besten Falle durch die waagerechte Komponente der Gezeitenkraft unausgesetzt um $^1/_{58}$ Bogensekunde abwechselnd nach der einen und nach der anderen Seite abgelenkt. Die Hauptschwierigkeit, so kleine Größen zu beobachten, liegt heute nicht mehr in den der Feinmechanik gesetzten Grenzen, sondern darin, alle möglichen Störungen auszuschalten. Z. B. sind die Ablenkungen eines Lots infolge der täglichen Erwärmung und Abkühlung des Erdbodens und der dadurch erzeugten Bodenbewegung viel größer als die wegen der Gezeitenkraft zu erwartenden. Oder: da ein kg-Gewicht nach Archimedes in Luft so viel an Gewicht verliert, als die verdrängte Luft wiegt, und da die verdrängte Luft bei höherem Druck mehr wiegt als bei niedrigerem, so ändert sich das Gewicht eines an einer Spirale hängenden Körpers infolge der täglichen unregelmäßigen Barometerschwankungen bereits um mehr, als der Gestirnseinfluß ausmachen würde. Man pflegt daher die Instrumente luftdicht abzukapseln und in der Tiefe von Bergwerken aufzustellen, um sie den Tageseinflüssen zu entziehen.

Es mag hier genügen, von der großen Anzahl der ersonnenen Instrumente je eins für die waagerechte und für die senkrechte Komponente dem Grundgedanken nach zu beschreiben. Das *Horizontalpendel* von ZÖLLNER ist ein am Ende beschwerter Stab (Abb. 25), der sich um eine fast senkrechte Achse drehen kann. Wäre die Achse genau senkrecht ($=VV$), so würde das Pendel durch jede noch so kleine Kraft gedreht werden und in der erreichten Lage stehenbleiben, ohne in seine Ruhelage zurückzukehren. Da aber die Achse AA ein wenig geneigt ist, läßt es sich zwar noch immer sehr leicht ablenken, kehrt aber in seine Anfangslage zurück, wenn es sich selbst überlassen wird. Die Größe der Ablenkung gibt daher ein Maß für die ablenkende Kraft. Um Reibung zu vermeiden, kann man die Achse fortlassen und statt dessen die in der Abb. 25 angedeuteten Fäden zur Befestigung verwenden. Natürlich schlägt das Pendel nicht aus, wenn eine

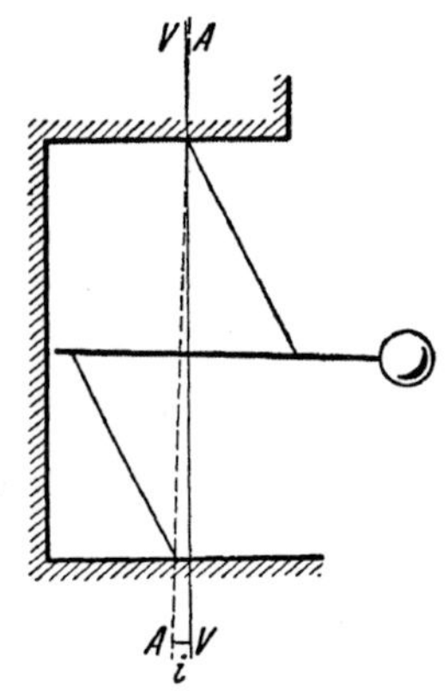

Abb. 25. Horizontalpendel von Zöllner, schematisch. Der mit der Kugel beschwerte Stab hängt an zwei schrägen Fäden. VV und AA sind gedachte Linien.

Kraft in der Richtung des Stabes zieht, sondern nur, wenn sie eine Komponente quer dazu besitzt. Man braucht daher zwei Instrumente, von denen eins die östliche, das andere die nördliche Komponente aufzeichnet. Der Pendelkörper trägt einen Spiegel; ein auf diesen fallender Lichtstrahl wird auf einen Film zurückgeworfen und gibt die immer noch sehr kleinen Pendelausschläge vergrößert wieder.

Aus der östlichen und der nördlichen Ablenkung kann man die Gesamtablenkung nach Größe und Richtung wieder zusammensetzen und etwa durch Pfeile darstellen. Eine Linie, die die Pfeilspitzen miteinander verbindet, gibt alsdann vergrößert den Weg an, den ein Lot beschreiben würde.

Durch eine harmonische Analyse seiner Beobachtungen in
einem Bergwerksschacht in Freiburg erhielt SCHWEYDAR für
die Hauptmondtide M_2 die mit *Schw* bezeichnete Ellipse der
Abb. 26, und auf demselben Wege fand SCHAFFERNICHT die
Ellipse *Sch* aus Beobachtungen in einem Felsenkeller bei
Marburg. Nach der Theorie wäre allerdings die Ellipse *Th*
zu erwarten gewesen; ihre Form liegt zwischen denen für 30°

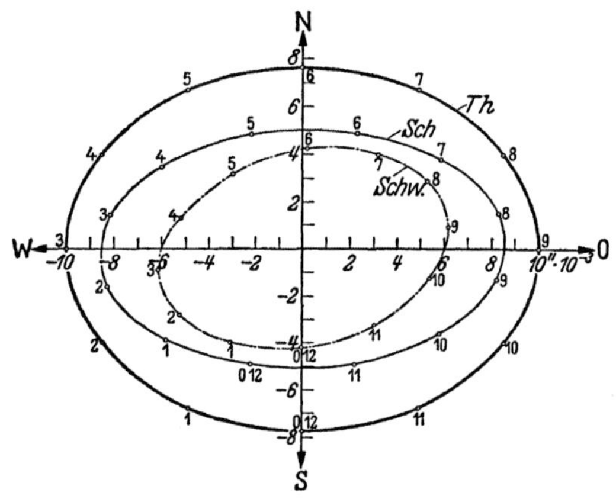

Abb. 26. Weg eines Lotkörpers infolge der Hauptmondtide: *Th* = theoretisch, *Sch* = beobachtet von Schaffernicht, *Schw* = beobachtet von
Schweydar. Die Zahlen auf den Achsen bedeuten Tausendstel Winkelsekunden, die Zahlen an den Ellipsen Tidestunden.

und 60° Breite der Abb. 23, S. 33. Danach kann es keinem
Zweifel unterliegen, daß ein Lot in der Tat im Gezeitenrhythmus abgelenkt wird, und daß damit das Vorhandensein der
Gezeitenkräfte sich bestätigt! Doch noch ein Zweites lehrt die
Abb. 26; beide Ellipsen sind nicht unerheblich kleiner, als sie
sein sollten. Es besteht also eine Störung der fluterzeugenden
Kraft, die den gleichen Rhythmus hat und die von dieser erzeugte Lotablenkung vermindert. Das deutet darauf hin, daß
die Erdoberfläche durch die Gezeitenkräfte periodisch, wenn
auch nur ganz wenig, verbogen wird, daß also sogar die feste
Erde den Gezeitenkräften bis zu einem gewissen Grade nachgibt.

Das klingt zunächst unglaub-
haft, zumal wenn man erwägt,
wie außerordentlich geringfügig die Gezeitenkräfte sind.
Aber es bestätigt sich durch
die Messung der *senkrechten
Komponente der fluterzeugenden Kraft.* Zu ihrer Feststellung
dient das *Gravimeter,* dessen
Grundgedanken Abb. 27 in der
Ausführung von TOMASCHEK
und SCHAFFERNICHT zeigt. Es
gilt, die Auf-und-Abbewegung
eines an einer Spirale und zugleich an zwei Fäden hängenden Gewichtes P zu messen.
Denkt man sich für einen
Augenblick die Spirale fort, so
würde die Scheibe sich in die
ihr von den Fäden aufgezwun-
gene Richtung drehen; jede
Drehung der Scheibe bedeutet
zugleich eine, wenn auch nur
kleine Hebung, und umgekehrt
entspricht einer unmerklichen
Hebung eine merkliche Drehung. Man kann nun den
Knopf a, an dem die Spirale
hängt, so weit drehen, daß
die beiden Fäden sich in der
Abb. 27 überkreuzen würden;
in diesem Augenblicke würden
die Fäden der Spirale nicht
mehr wie bisher entgegenwirken, sondern die Drehung der

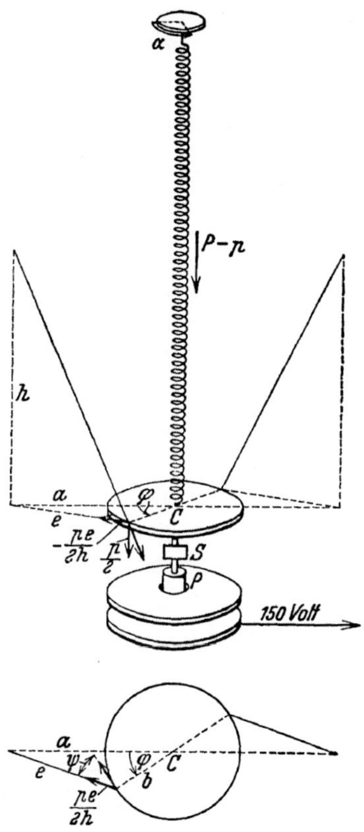

Abb. 27. Gravimeter nach Tomaschek und Schaffernicht, schematisch. Oben: Seitenansicht. —
Unten: Grundriß. — Die von der
Scheibe C schräg aufwärts führenden Geraden bedeuten Fäden, die
oben befestigt sind und die Scheibe
halten; sie erscheinen im Grundriß
verkürzt und suchen die Scheibe,
wenn sie sich senkt, rechts herum
zu drehen. Die Spirale wirkt dieser
Drehung entgegen. Das Instrument
wird durch bekannte elektrische
Anziehungskräfte geaicht.

Scheibe fördern, und die Vorrichtung würde durchschlagen.
Man hört nun mit dem Verstellen des Knopfes a ganz kurz vorher auf, ehe die Scheibe umschlägt; es ist offenbar, daß sie in

diesem fast labilen Zustande äußerst empfindlich für kleine zusätzlich wirkende Kräfte geworden ist und dazu dienen kann, die Gezeitenkräfte erkennen zu lassen. Das Gewicht P trägt den Spiegel S, dessen schwache Drehungen ein auf ihn fallender Lichtstrahl auf einem Film aufzeichnet. Auch mit dieser Vorrichtung erhielten TOMASCHEK und SCHAFFERNICHT einwandfreie Beobachtungen von Kräften mit Gezeitenperiode, aber wiederum blieben die Ausschläge merklich hinter den von der Theorie angesagten zurück. Sie zeigten damit an, daß die theoretischen Kräfte sehr wohl vorhanden sind, aber durch die Ebbe und Flut der festen Erde beeinträchtigt werden, und zwar ergab die Auswertung, daß sich die Erdoberfläche in Marburg zweimal am Tage (M_2) um nicht weniger als beinahe einen halben Meter hebt und senkt!

Der Einwand, eine solche Bewegung des Bodens müsse sich auch dem bloßen Auge bemerkbar machen, ist nicht stichhaltig, da die ganze Umgebung die gleiche Bewegung ausführt; der Beobachter kann sie daher ebensowenig bemerken, wie er etwa auf einem Schiffe auf offenem Meere etwas von Hoch- oder Niedrigwasser gewahren würde, da auch hier jeder feste Punkt fehlt. Freilich verursacht uns der Gedanke zunächst Widerstreben, daß eine so unmerklich kleine Kraft wie die Gezeitenkraft fähig sein soll, die riesige Erdoberfläche unausgesetzt rhythmisch umzuformen. Aber das rührt daher, daß dem Menschen nur die Dinge, Kräfte und Bewegungen vertraut sind, die er täglich mit unbewaffnetem Auge wahrnimmt, und daß ihn das gewohnte gefühlsmäßige Urteil verläßt, sobald es sich um Vorgänge handelt, die diese Größenordnung weit über- oder unterschreiten. „Der Mensch ist das Maß der Dinge", hier stimmt dieser Ausspruch des PROTAGORAS. Spannt man z. B. einen stählernen Klaviersaitendraht von 0,9 mm Durchmesser und 1 m Länge auf einem Tische aus, indem man ihn am einen Ende befestigt und am anderen Ende einen Faden anknüpft, den man über eine Rolle führt und durch ein daran gehängtes Gewicht belastet, so findet man, daß der Draht durch 1 kg um $^3/_{40}$ mm, also ein kaum sichtbares Stückchen gedehnt wird. Ist der Draht aber 1 km lang, so verlängert ihn 1 kg um $7^1/_2$ cm, und hat er die Länge des Erdhalbmessers, so daß er vom Äquator etwa bis zur Südspitze Norwegens reichen würde, so würde ihn 1 kg um nicht weniger als 480 m dehnen! So riesenhaft ist die Erde gegenüber den Raumverhältnissen eines Laboratoriums. Wenn daher die Erdoberfläche sich um einen halben Meter hebt, so ist dies im Verhältnisse zur Erde selbst noch sehr wenig.

Die Hebung und Senkung des Erdbodens ist noch dazu nur zum Teil eine unmittelbare Wirkung der fluterzeugenden Kraft auf den Erdkörper selbst. In Küstenorten, wie Liverpool und Bergen, hat man gefunden, daß sie sich in erheblichem Grade den örtlichen Meeresgezeiten anpaßt. Man ist dadurch zu dem Schlusse gekommen, daß die Last des Hochwassers den Meeres- und Erdboden niederdrückt, und daß er sich bei Niedrigwasser wieder hebt. Eine solche Wirkung kann auch für weiter landeinwärts liegende Orte, wie Freiburg, Marburg oder Berchtesgaden nicht von vornherein in Abrede gestellt werden; nur ist sie hier schwerer zu erkennen, da sich in diesem Falle nicht der Druck der an der Küste wohlbekannten Gezeiten, sondern die Last von Ebbe und Flut im Atlantischen Ozean geltend machen muß, deren Kenntnis heute noch zu unbestimmt ist, um damit zu rechnen.

Zusammenfassend wird man sagen dürfen, daß die von NEWTON entdeckten Gezeitenkräfte als nachgewiesen gelten können, und daß man darüber hinaus Gezeiten des festen Erdkörpers von unerwartet hohem Betrage festgestellt hat.

IV. Das Verhalten der Gewässer gegenüber den fluterzeugenden Kräften.

10. Allgemeines.

So einfach das Bild der Verteilung der fluterzeugenden Kraft über die Erde ist, vgl. Abb. 22 und 24, so ist es doch nicht leicht, eine, wenn auch nur oberflächliche Schätzung dafür zu gewinnen, wie hoch die Gezeitenkraft den Wasserspiegel zu heben vermag. NEWTON und das auf ihn folgende Jahrhundert machten zu diesem Zwecke zwei Annahmen, über deren nur sehr fragliche Zulässigkeit übrigens NEWTON selbst im klaren war, ohne freilich etwas Besseres an die Stelle setzen zu können: Erstens sei angenommen, daß die Erde ringsum von einem tiefen Ozean umgeben ist; dann würde die fluterzeugende Kraft des Mondes das Wasser nach A (Abb. 22) oder Z (Abb. 24) zu einem Fluthügel zusammenzuziehen suchen. Die zweite Annahme besteht nun darin, daß dieser Fluthügel sich ungestört entwickeln könne, bis das gleichzeitig zunehmende Gegengefälle des Meeresspiegels der Kraft gerade das Gleichgewicht hält; so kam man zu dem Gedanken der *Gleichgewichtsgezeiten*. Man kann ausrechnen, daß der Fluthügel des Mondes alsdann eine Höhe von 35,6 cm erreichen wird. Auf dem in Abb. 22 gestrichelten Längenkreise würde sich das Wasser infolge des Abströmens um halb so viel, also um 17,8 cm senken, und der gesamte Tidenhub des Mondes betrüge 53,4 cm. Die Sonne hat wegen ihrer ungeheuer viel größeren Masse zwar an sich eine größere Anziehungskraft, aber wegen ihrer sehr viel weiteren Entfernung erzeugt sie doch nur 46,6 % des Mond-Tidenhubes, also 24,6 cm. Zusammen bewirken beide Gestirne bei Springzeit einen Hub von $35,4 + 24,6 = 78,0$ cm, und bei Nippzeit, wenn sie einander entgegenwirken, $53,4 - 24,6 = 28,8$ cm Hub. Das sind Werte, die nur ausnahmsweise auf der Erde einmal vorkommen, und damit erweist sich die *Gleichgewichtstheorie als ungeeignet* zur Berechnung, wenigstens der ozeanischen Gezeiten. LAPLACE, der ein Jahrhundert nach NEWTON die Frage erneut aufnahm, ließ daher die Voraussetzung fallen, der Fluthügel sei eine Erscheinung des Gleichgewichts. Er sprach den Satz aus, daß die von den Pegeln aufgezeichneten Wasserstände die verschiedenen Perioden der fluterzeugenden Gestirne widerspiegeln müssen, während andere periodische Bewegungen des Wassers, soweit sie nicht von dauernd wirksamen Kräften veranlaßt werden, abklingen und damit aus den Aufzeichnungen verschwinden. Er unterschied nach der Länge der Perioden drei verschiedene Gruppen: die Halbtags-, die Eintagsgezeiten und die Gezeiten von langer Periode, wobei unter den letzteren solche bis zu einem halben Jahre vorkommen. Aber er mußte, um die an sich schon sehr schwierige mathematische Aufgabe überhaupt zu lösen, die Voraussetzung aufrechterhalten, die Erde sei überall vom Weltmeere bedeckt, und aus diesem Grunde konnte auch seine Theorie nicht den wirklichen Gezeiten des Meeres gerecht werden.

Eine besondere Schwierigkeit besteht bei diesen darin, daß man häufig auf kurze Entfernungen ganz erhebliche Unterschiede beobachtet. Z. B. hat, um bei der Nordsee zu bleiben, London einen Springtidenhub von 6,6 m, Antwerpen 5,0 m, das benachbarte Rotterdam aber nur 1,6 m, die deutsche Küste 4,0 bis 1,8 m, und Hirtshals an der jütischen Küste sogar nur 0,3 m, Beispiele, die sich beliebig vermehren ließen (vgl. S. 27). Es liegt klar auf der Hand, daß die kaum merklichen Unterschiede der Gezeitenkraft innerhalb eines so kleinen Bereiches, wie es die Nordsee ist (der tausendste Teil der Erdoberfläche!), nicht die beobachteten großen Verschiedenheiten des Hubs verursachen können, und daß der wahre Grund hierfür in der Nordsee selbst zu suchen ist. Bei der Ausbildung der Gezeiten spielt somit die Beschaffenheit der Gewässer eine wichtige Rolle, und man wird daher gut tun, bei der Erklärung der Gezeiten des Meeres nicht vom Ozean auszugehen, sondern vielmehr von engbegrenzten Wasserflächen, bei denen man die Verhältnisse leichter übersehen kann. Denn vorhanden sind die Gezeiten auch in jedem noch so kleinen Becken, und sei es z. B. eine Waschschale, weil die Gezeitenkraft in jedem Augenblicke auf der ganzen Erde allgegenwärtig ist. Je kleiner das Gebiet, desto mehr verschwinden die Unterschiede der Gezeitenkraft von Ort zu Ort, die im Ozean eine große Rolle spielen, und um so mehr ist jedes Wasserteilchen der gleichen Kraft ausgesetzt. Die senkrechte Komponente strebt daher, alle Wasserteilchen gleich stark zu heben; sie ist jedoch zu schwach, um dies zu erreichen, und äußert sich daher nur in einer unmerklichen Verminderung der Schwerkraft, also des spezifischen Gewichts. Die waagerechte dagegen zieht alles Wasser des Beckens nach der Richtung A (Abb. 22) oder Z (Abb. 24, S. 34); denkt man sich nun das Gewässer bei der Drehung der Erde durch das Kraftfeld der Abb. 22 oder 24 hindurchgeführt, so erkennt man, daß die Gezeitenkraft von Augenblick zu Augenblick ihre Stärke und Richtung ändert, wie dies auch die Abb. 23, S. 33 für die verschiedenen geographischen Breiten und für die M_2-Tide zum Ausdruck bringt. Um XII Uhr Mondzeit strebt alles Wasser nach Süden, um III Uhr nach Westen usw.; ein Hochwasser sucht also das Becken rechts herum zu umkreisen. Ist das Becken ein schmaler und langgestreckter Kanal, so tritt das Hochwasser in merklichem Grade nur an den beiden Enden auf, weil die Gezeitenkraft quer zu der Rinne nicht viel Wasser zu sammeln vermag. Da ein Lot mit dem Wasserspiegel einen Winkel von 90° bildet, wird dieser die gleichen Abweichungen von der waagerechten Lage zeigen wie das Lot in Bezug auf die senkrechte, Abb. 28, und darum wird man erwarten, daß der Wasserstand an den Enden eines Beckens sich um so mehr heben und senken wird, je länger es ist. Ob und wieweit diese Erwartung zutrifft, können nur die Beobachtungen lehren.

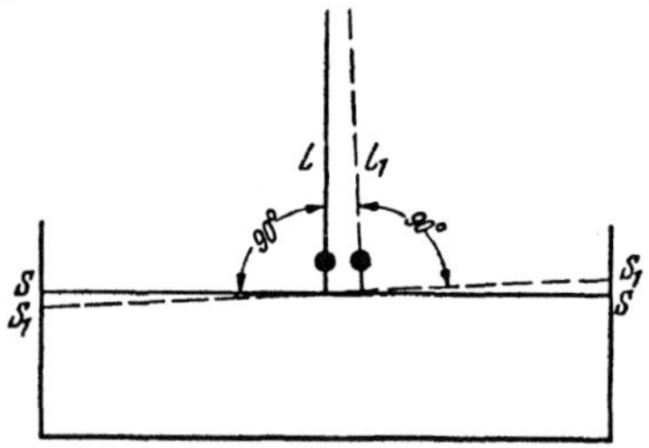

Abb. 28. Lot und Wasserlinie eines kleinen Beckens bilden miteinander einen rechten Winkel. Der Ablenkung des Lotes L nach L_1 entspricht die Kippung des Wasserspiegels SS nach S_1S_1.

Es ist nun nicht wohl möglich, in diesem Buche die ganze verwirrende Fülle der Gezeitenerscheinungen durchzugehen, und es möge genügen, wenn *im folgenden nur eine Reihe von besonders bezeichnenden Gruppen je an einem Beispiel geschildert werden.*

11. Gezeiten in geschlossenen Becken.

Nach dem Gesagten muß es ebensogut möglich sein, die Gezeitenkräfte sowohl wie die Gezeiten der festen Erde an einem hinreichend großen Wasserbecken zu beobachten wie mit dem Horizontalpendel (Abb. 25, S. 37). So kommt es, daß in der Tat das kleinste Becken, in dem bisher Ebbe und Flut festgestellt worden sind, ein künstliches ist, nämlich ein 103 m langes waagerechtes Rohr, das EGEDAL und FJELDSTAD in Bergen

(Norwegen) zum Messen der Lotablenkung verwandten. Das
Rohr besaß an jedem Ende einen senkrecht nach oben gerichteten Ansatz, in dem sich ein Schwimmer befand; dieser über-
trug die Schwankungen des Wasserspiegels durch einen nach
oben führenden Stab auf einen drehbaren Spiegel, dessen Bewegungen mittels eines von ihm zurückgeworfenen Licht-
strahls stündlich an einem Fernrohre abgelesen wurden. Der
Springtidenhub ergab sich zu 2,86 tausendstel mm; dieser Wert
bleibt hinter der Forderung der Gleichgewichtstheorie zurück,
und zwar wegen der Nachgiebigkeit der festen Erde, ebenso wie
dies bei den Lotablenkungen der Fall war. Wie oben ausgeführt wurde, sollte der Hub am Ufer um so größer sein,
je größer das Becken ist (vgl. Abb. 28). Doch auch das be-
wahrheitet sich nur zum Teil, wie sich sogleich zeigen wird.

Das kleinste natürliche Becken, von dem bisher Gezeiten erwähnt wurden, ist der Chiemsee in Bayern (14 km von W
nach O lang), an dessen Ostufer (in Chieming) nach einem
Berichte von ENDRÖS zweimal ein Hub von 1 mm festzustellen
war. Einige andere Seen mögen hier folgen:

See	Länge km	Ort	Spring- tidenhub cm	Quelle
Genfer See . . .	61	Sécheron (Westende)	0,2 (?)	Endrös
Plattensee . . .	77	Ost- und Westende	1,0—1,3	,,
Eriesee.	378	Amherstburg (Westende)	8,0	,,
Michigansee. . .	550	Chicago (Südende)	7,3	Lentz
Oberer See . . .	650	Duluth (Westende)	5,9	Schureman
Baikalsee. . . .	665	Petschannaja (Westufer)	1,5	Sterneck
Schwarzes Meer .	1191	Poti (Ostende)	8,2	,,
Ostsee	1475	Travemünde (Westende)	16,5	Schweydar
Mittelmeer, östl. .	2392	Alexandria (Ostende)	22,4	Schureman
Mittelmeer, westl.	2020	Neapel (Ostende)	30,2	,,

Überblickt man diese Tabelle, so sieht man zwar im großen
und ganzen die Erwartung bestätigt, daß die Gezeiten mit
der Länge des Meeresbeckens zunehmen, doch gibt es manche
Ausnahme; z. B. verhält es sich mit der Reihe Eriesee, Michi-
gansee, Oberer See, Baikalsee gerade umgekehrt. Neben der
Länge eines Sees müssen also noch andere Umstände von Bedeutung sein. In der Tat stellt das periodische Anschwellen

des Wassers, abwechselnd am einen und am anderen Ende etwa eines langgestreckten Sees, unter der Einwirkung der ebenfalls periodischen fluterzeugenden Kräfte eine *erzwungene Schwingung* vor, bei der die *Trägheit* des Wassers eine ausschlaggebende Rolle spielen muß. Wenn z. B. die waagerechte Komponente den gesamten Wasserinhalt nach dem einen Ende zu in Bewegung setzt, so beginnt das Wasser dort zu steigen; ist aber seine Masse und damit seine Trägheit sehr groß, so kann es vorkommen, daß die Gezeitenkraft sich bereits umgekehrt hat, ehe sich das Wasser dort in dem ihr entsprechenden Maße („Gleichgewichtswert") ansammeln konnte, und daß die Kraft der eingeleiteten, aber noch nicht beendeten Bewegung schon wieder entgegenwirkt.

Ein einfacher Freihandversuch belehrt über die verschiedenen Fälle von Schwingungen, die unter der Wirkung einer periodischen Zwangskraft eintreten können: Man befestige einen schweren Körper an einem Bindfaden und halte das entstandene Pendel in der Hand, so daß es lotrecht hängt.

Bewegt man 1. den Aufhängepunkt ganz langsam hin und her, so wird man erreichen, daß das Pendel fast ruhig senkrecht herabhängen bleibt und im gleichen langsamen Rhythmus mitgeht.

Wenn man aber 2. den Aufhängepunkt sehr schnell hin und her bewegt, so bewegt sich das Pendel nur ganz wenig; seine Trägheit hindert es, der sich bewegenden Hand schnell zu folgen. Schlägt es aus, so geschieht dies entgegengesetzt der Bewegung des Aufhängepunktes.

Man erzeugt 3. mit kleinen Handbewegungen große Ausschläge des Pendels, wenn man die Hand in demselben Takte hin und her führt, in dem das Pendel schwingt, wenn man es an einem festen Punkte aufhängt und anstößt (*Eigenschwingung*). Man kann auch an eine Schaukel denken; um sie in Gang zu bringen, muß man sie in demselben Takte anstoßen, den sie selbst hat. Weicht man von dieser Periode ab, so bleibt der Erfolg aus.

Um diese Ergebnisse auf die Schaukelbewegung des Wassers in einem langgestreckten See (die Gezeitenerscheinungen in rundlichen und unregelmäßigen Seen sind schwerer zu

verstehen) anzuwenden, muß man zunächst daran denken,
daß die Voraussetzungen umgekehrt liegen wie in den obigen
Versuchen: dort war die Eigenperiode des Pendels in allen
drei Versuchen dieselbe, während die Periode der Zwangskraft
(dargestellt durch die Bewegung der Hand) verändert wurde.
Bei den Gezeiten jedoch ist es so, daß die Periode der
Zwangskraft, d. i. die Gezeitenperiode, für alle Seen die
gleiche ist, daß aber die Seen verschiedene Eigenperioden
haben. Verallgemeinert man die Versuche mit dieser Umstel-
lung, so folgt:

Versuch 1: Ist die Eigenperiode sehr viel kleiner als die
Periode der Kraft, so bleibt der schwingende Körper während
des ganzen Vorgangs annähernd im Gleichgewichte (das Pendel bleibt fast senkrecht!). Bei kleiner Eigenperiode spielt
also die Trägheit keine Rolle, und die Gezeiten entsprechen in
jedem Augenblicke den fluterzeugenden Kräften („Gleichgewichtsgezeiten“).

Versuch 2: Wenn die Eigenperiode sehr viel länger ist als
die der Gezeitenkräfte, so sind die Gezeiten klein und „umgekehrt“: Hochwasser tritt ein, wenn die Kraft Niedrigwasser
zu erzeugen sucht, und umgekehrt.

Versuch 3: Wenn die Eigenperiode der Gezeitenperiode
nahe kommt, steigern sich die Gezeiten um so mehr über den
Gleichgewichtswert hinaus, je weniger sich beide Perioden
voneinander unterscheiden.

Vielleicht wäre es sogar möglich, einen entsprechenden Versuch auszuführen: man füllt eine schmale langgestreckte
Rinne mit eisenhaltiger Lösung und läßt sie von einem kräftigen Magneten umkreisen. Verändert man die Periode der
Eigenschwingung der Rinne, indem man sie mehr oder weniger hoch füllt, so müßte es möglich sein, die in den drei Fällen eintretenden Schwingungen sichtbar zu machen.

12. Seiches.

Den Schlüssel für das Verständnis der Gezeiten eines Sees
bieten somit seine Eigenschwingungen und deren Periode; und
diese kennenzulernen, muß das nächste Ziel der Forschung

sein. Nun ist es nicht wohl möglich, die Wassermasse eines Sees in ähnlicher Weise nach Belieben ins Schaukeln zu bringen, wie dies oben mit dem Pendel geschah. Aber hier kommt die Natur zu Hilfe: denn für die meisten Seen gehört das selbsttätige, freie Auf- und Niederschwingen des Wasserspiegels keineswegs zu den seltenen Erscheinungen. Man würde diese Schwankungen längst mehr beachtet haben, wenn sie nicht im allgemeinen recht klein wären. Nur in einzelnen Fällen sind sie groß genug, um jedermann aufzufallen, wie etwa im Genfer See, an dessen Westende schon Schwingungen von 5 Fuß Hub vorgekommen sind, und wo diese geheimnisvoll anmutenden Schwingungen seit alters bei der eingesessenen Bevölkerung den Eigennamen „Seiches" erhalten haben; diesen Namen gebraucht man jetzt auch für alle ähnlichen Schwingungen in anderen Seen. Das eigentliche Wesen der Seiches wurde jedoch erst klar, seit 1869 der in Morges am Genfer See (Abb. 32, S. 53) wohnende Arzt F.-A. FOREL auf sie aufmerksam wurde, und dies merkwürdigerweise an einer Stelle, an der der Hub nur ganz geringfügig ist und nicht ins Auge fällt. FOREL bemerkte, wie das Wasser am Eingange des kleinen Hafens von Morges in regelmäßigem Wechsel 10 Minuten lang ein- und wieder ausströmte, und er suchte und fand die Ursache hiervon in einer regelmäßigen schwachen Hebung und Senkung des Seespiegels außerhalb des Hafens. Diese Erscheinung fesselte ihn so, daß er sie ein ganzes Menschenalter lang ausführlich untersucht hat! Er fand alsbald zahlreiche freiwillige Mitarbeiter, und er konnte mit pegelartigen Instrumenten (Limnimeter) die Seiches in Morges (Abb. 29) und in einer unabsehbaren Reihe von anderen Seen feststellen. Den ersten Anstoß zu den Seiches geben plötzliche Luftdruckschwankungen, Böen usw., die einen größeren Teil der Wasserfläche gleichzeitig treffen; es kann unter Umständen lange dauern, bis der Wasserspiegel sich wieder beruhigt; beobachtete doch z. B. FOREL gelegentlich eine Folge von 149 Schwingungen von je 73 Minuten Dauer, die über eine Woche anhielten.

Schon die erste Beobachtung FORELs läßt einen wichtigen Wesenszug der Seiches erkennen: das Zurücktreten der senk-

rechten Bewegungen gegenüber den waagerechten. Aber beide
sind miteinander verkoppelt. Davon kann man sich überzeugen, wenn man einen länglichen rechteckigen Behälter (nicht
zu hoch) mit Wasser füllt, ihn am einen Ende ein wenig hebt
und wieder niedersetzt. Das Wasser schaukelt dann an den
Enden mäßig stark auf und ab (Schwingungsbäuche), während es in der Mitte seine Höhe nicht verändert (Schwingungsknoten). Die Teilchen bewegen sich stark hin und her, jedoch

nur ganz wenig auf und
ab, und zwar beschrei-
ben alle Teilchen, die
senkrecht untereinander
liegen, die gleiche Be-
wegung. Ein ursprüng-
lich senkrechter Wasser-
faden bleibt also stets
senkrecht und schiebt
sich nur als Ganzes hin
und her. Die waage-
rechte Bewegung der
Teilchen ist im Gegen-
satz zur Schwankung
des Wasserspiegels am
stärksten im Schwin-
gungsknoten, und sie
verschwindet völlig im
Schwingungsbauch. In
dem Augenblicke, in dem

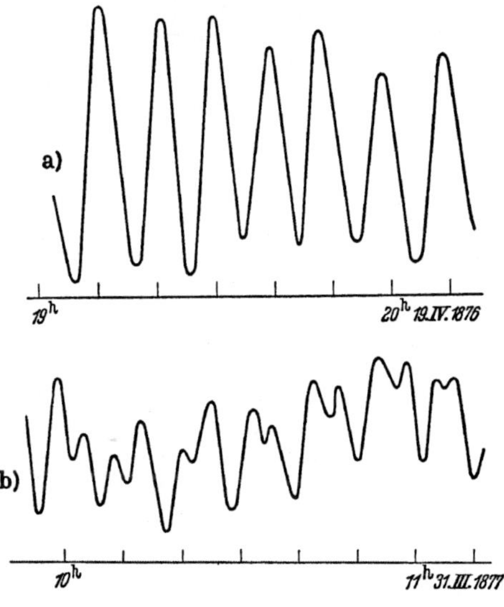

Abb. 29. Seiches nach Forel in Morges,
$^2/_3$ der natürlichen Größe: a) gewöhnliche
zehnminutige Seiches, b) „Seiches dicrotes".

z. B. in A (Abb. 30 a) „Hochwasser" und in C „Niedrigwasser"
herrscht, ist keine waagerechte Bewegung vorhanden; aber im
nächsten Augenblicke muß sich, wie man leicht einsieht, infolge des Druckgefälles alles Wasser nach rechts in Bewegung
setzen, am stärksten im Schwingungsknoten B, in dem das Gefälle am größten ist. Denkt man sich durch bewegliche senkrechte Scheidewände die ganze Wassermenge in lauter Zellen mit
gleich großem Inhalt zerlegt (die Zellen sind bei C breiter als
bei A), so müssen die Zellwände unter dem Einflusse des Gefälles sich entsprechend nach rechts bewegen (Abb. 30 b). Da-

durch verbreitern sich die Zellen, und das Gefälle wird geringer, weist aber noch nach rechts; die Strömungsgeschwindig-
keit nimmt daher weiter zu, wenn auch nicht mehr so stark
wie von 3o a bis 3o b, und dies ändert sich erst, wenn der Wasserspiegel waagerecht liegt (Abb. 3o c). Von nun an hält die
Strömung nach rechts zwar infolge der Trägheit des Wassers

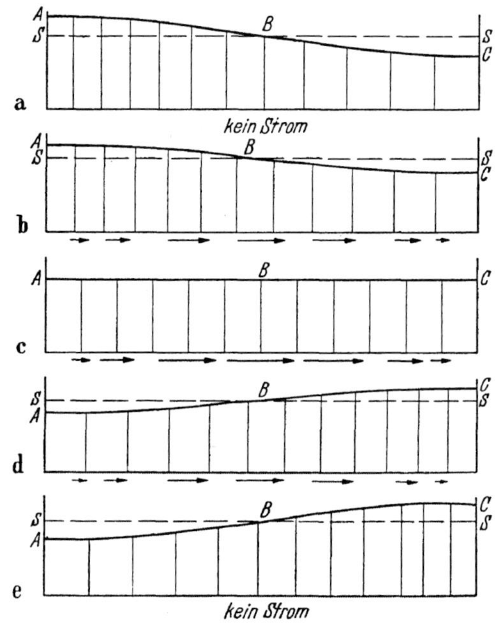

Abb. 30. Stehende Welle in fünf aufeinander in $^1/_8$ Periode folgenden Augenblicken: Bewegung der senkrechten Wasserfäden und Veränderung der Oberfläche. Die Pfeile unter *b, c, d* geben die waagerechte Geschwindigkeit an.—
Der senkrechte und waagerechte Maßstab sind der Deutlichkeit halber ver-
zerrt. Der Wasserinhalt zwischen zwei der senkrechten Geraden bleibt immer
derselbe.

(es ist „in Schwung gekommen") noch eine Weile an; sie
wird aber abgeschwächt, da sich jetzt ein Gegengefälle aus-
bildet (Abb. 3o d), und sie erlischt völlig, wenn dieses seinen
Höchstbetrag erreicht hat (Abb. 3o e). Von da ab geht das
gleiche Spiel von rechts nach links vor sich. Zwei wesentliche
Merkmale weist eine solche Schaukelbewegung des Wassers
oder *„Stehende Schwingung"* auf:

1. an den Schwingungsbäuchen nur senkrechte, am Knoten nur waagerechte Bewegung,

2. um die Zeit des Hoch- und Niedrigwassers (Abb. 30 a, e) kein Strom (Stromkentern), um die Zeit des Durchgangs durch die Ruhelage (Abb. 30 c) stärkster Strom.

Physikalisch gesprochen: Die Energie der Schwingung, anfangs (Abb. 30 a) reine Energie des Gefälles (potentiell), verwandelt sich allmählich in solche der Bewegung (kinetische), bis sie aufgezehrt ist (Abb. 30 c, reine Bewegungsenergie), und diese speichert sich dann wieder im Gefälle auf (Abb. 30 e) usw. in regelmäßiger Wiederkehr. Die Schwingungsdauer hängt ab von der Länge und Tiefe des Beckens:

Tabelle 1.

Eigenperiode eines an den Enden geschlossenen rechteckigen Kanals von 50 km Länge.

Tiefe m	Schwingungsdauer Min.	Tiefe m	Schwingungsdauer Min.	Tiefe m	Schwingungsdauer Min.
5	238	60	69	160	42
10	168	70	64	180	40
15	137	80	59	200	38
20	119	90	56	500	24
30	97	100	53	1000	17
40	84	120	49		
50	75	140	45		

Während die Schwingungen also immer kürzer werden, je tiefer der Kanal ist, aber nicht einfach im umgekehrten Verhältnisse, zeigt die Mathematik, daß die Eigenperiode proportional der Länge des Kanals wächst; z. B. würde sie für eine Länge von 100 km doppelt so lang sein wie in der Tabelle angegeben, bei 150 km dreimal so lang usw. Ein rechteckiger See von 70 km Länge (= Länge des Genfer Sees) hätte danach bei 140 m Tiefe eine Schwingungsdauer von $45 \cdot 70 : 50 = 63$ Min., bei 160 m Tiefe eine solche von $42 \cdot 70 : 50 = $ rd. 59 Min. Der Genfer See hat nach FOREL eine mittlere Tiefe von 152,7 m und eine Schwingungsdauer von 74 Min. Dies zeigt, daß man nach der obigen Tabelle nur einen rohen Näherungswert für die Eigenperiode eines Sees erhält, wenn man ihn in Gedanken durch ein gleich großes rechteckiges Becken ersetzt; immer-

hin läßt sich danach z. B. abschätzen, daß die obenerwähnte
10 minutige Schwingung (Abb. 29), die FOREL beobachtete,
anderer Natur sein muß. Sie hat sich in der Tat als eine
Querschwingung erwiesen. — Für einen genauen Wert reicht
allerdings die Tabelle nicht mehr aus. Indessen haben die
Hydrodynamiker mehrere Wege gefunden (z. B. CHRYSTAL,
HONDA und Mitarbeiter, STERNECK, DEFANT, PROUDMAN,
HIDAKA), um auch für recht unregelmäßige Seen die Periode,
wenn auch etwas mühsam, so doch recht genau zu berechnen.
So fand z. B. DOODSON nach der PROUDMANschen Methode
die Eigenperiode des Genfer Sees theoretisch zu 74,45 Min. in
guter Übereinstimmung mit dem FORELschen Werte 74 Min. Man
darf daraus schließen, daß die Theorie den Erscheinungen gut
angepaßt ist.

Doch auch noch andere Schwingungsformen können vorkommen. Bei der in Abb. 30 dargestellten stehenden Welle mit den beiden entgegengesetzten „Phasen" *a* und *e* liegt an jedem Ende ein Schwingungsbauch ohne waagerechte Bewegung (Abb. 30) der Wasserteilchen. Das Becken

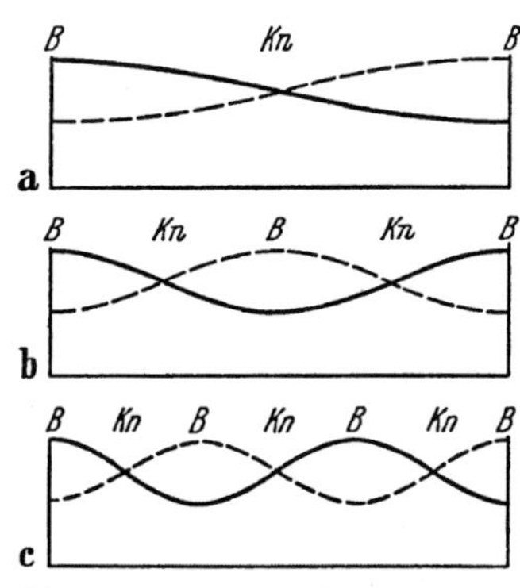

Abb. 31. *a* Grundschwingung, *b* erste, *c* zweite Oberschwingung in einem rechteckigen Becken. — *B* = Schwingungsbauch, *Kn* = Schwingungsknoten.

kann jedoch auch in zwei Hälften schwingen (Abb. 31 b); dann
liegen Schwingungsbäuche an den Enden und in der Mitte bei *B*,
und Schwingungsknoten mitten dazwischen in *Kn*: erste „Oberschwingung". Bei der zweiten Oberschwingung zerfällt das
Becken in 3 Teile (Abb. 31 c) usw. Da die Periode zur Länge
des Beckens proportional ist (s. o. S. 51), ist die Dauer der ersten
Oberschwingung halb so lang wie die der Grundschwingung, die
der zweiten Oberschwingung ein Drittel so groß usw., kurz, die
Verhältnisse liegen ganz ähnlich wie etwa bei den Schwingungen einer Saite oder einer Orgelpfeife, deren Klang sich zusammensetzt aus dem Grundton und den dazu harmonischen
Obertönen. Auch in unregelmäßig geformten Seen treten oft

Oberschwingungen zu den Grundschwingungen hinzu, aber sie
sind dann selten harmonisch wie in Abb. 31, ebenso wie eine
Saite mit Verdickungen oder eine Pfeife mit Erweiterungen
und Verengungen unrein erklingen würde. So dauert z. B.
die einknotige Längsseiche des Genfer Sees 74 Min., die zwei-
knotige aber $35^1/_2$ Min. (statt 37 Min.). Außerdem pflegen
die Knotenlinien in unregelmäßigen Seen nicht in der Mitte
usw. zu liegen, sondern sich nach dem seichten Ende zu ver-
schieben, wie dies z. B. DOODSON in guter Übereinstimmung
mit den Beobachtungen berechnete (Abb. 32).

Manche Unterschiede in
den Gezeiten der Übersicht
S. 45 werden nun ver-
ständlich. Der Plattensee,
nicht viel länger als der
Genfer See, hat infolge seiner geringen Tiefe nach Beobachtungen eine Eigen-
periode von etwa 10 Stun-
den, die einer Resonanz mit
der 12,42-Stunden-Periode
besitzenden Gezeitenkraft
viel näher steht; darum

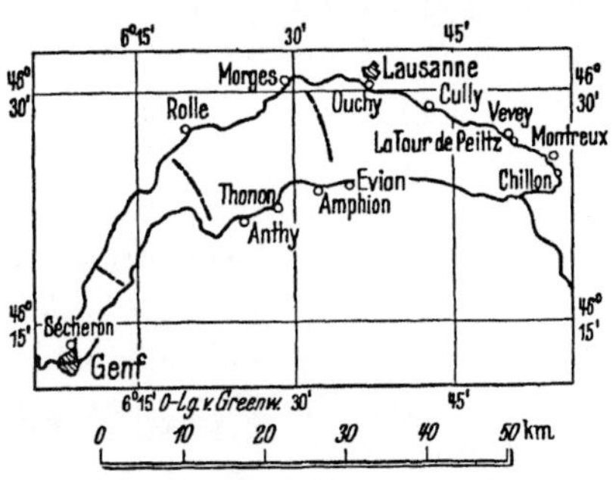

Abb. 32. Knotenlinien der einknotigen
(— . — . —) und zweiknotigen (— . . — . . —)
Seiche des Genfer Sees. Nach Doodson.

sind seine Gezeiten so viel größer. Im Eriesee hat die Grundschwingung eine Periode von 14,3 Stunden, die erste Oberschwingung eine solche von 8.8 Stunden, während der zwar
viel längere, aber auch viel tiefere Baikalsee eine einknotige
Seiche von nur 4,6 Stunden Dauer aufweist; es ist verständlich, daß darum der Eriesee auf die Gezeitenkraft mit ihrer
Periode von 12 Stunden 25 Minuten ($= 12,42$ Stunden) viel
stärker anspricht als der Baikalsee.

13. Die Gezeiten des Roten Meeres (schmaler und tiefer Kanal).

Unter den Gewässern, die mit dem Weltmeere in freier
Verbindung stehen, und deren Gezeiten fortan zu betrachten
sind, mag zuerst das Rote Meer genannt sein. Als langge-

streckter schmaler gerader Kanal hat es eine verhältnismäßig
einfache Form, die einem Aufkommen von Querschwingungen oder Querbewegungen abträglich ist; seine große Tiefe
bewirkt, daß die Bodenhindernisse die Ströme nur unbedeu-
tend abschwächen können, so daß man den Voraussetzungen
der Theorie ziemlich nahe kommt. Es ist, wie oben ausgeführt,
der Mathematik gelungen, die Schwierigkeiten zu überwinden,
die durch die Unregelmäßigkeiten der Bodenformen und des
Querschnitts erwachsen, und es handelt sich daher zunächst
darum, zu erwägen, wie das offene Ende eines solchen Kanals
die Eigenschwingungen beeinflußt. Es ist leicht einzusehen,
daß ein Schwingungsbauch, wenn er etwa an der Mündung
entstehen sollte, dort sogleich nach den Seiten auseinander-
fließen würde, und daß die Möglichkeit des freien Ein- und
Ausströmens hier die Ausbildung einer Knotenlinie begünstigt.
Ein kanalartiger Meerbusen ist demnach vergleichbar der
einen Hälfte eines langgestreckten Sees, dessen andere Hälfte
zu der ersten symmetrisch ist, eine Anschauung, die sich in
der Tat durch die Eigenschwingungen solcher Meerbusen bestätigt hat.

Ein schmaler rechteckiger Kanal z. B. von 25 km Länge,
der an einem Ende offen, am anderen geschlossen ist, würde
demnach dieselbe Schwingungsdauer haben wie ein geschlos-
sener Kanal von 50 km Länge (s. Tab. 1, S. 51); außerdem
fallen alle diejenigen Oberschwingungen fort, bei denen ein
Schwingungsbauch an der Mündung liegen würde. Die Verhältnisse sind zu vergleichen mit denen bei offenen und ge-
deckten Orgelpfeifen; verschließt man das Ende einer offenen
Pfeife, so erklingt sie um eine Oktave tiefer und bekommt
durch den Fortfall der „geraden" Obertöne eine andere
Klangfarbe.

Die Gezeiten schmaler Meeresbuchten weichen allerdings
oft erheblich von dieser Regel ab. Z. B. sollten nach Rechnung die theoretischen Amplituden (= halber Hub, vgl. S. 20)
der Hauptmondtide M_2 im Roten Meere der ausgezogenen
Linie der Abb. 33 entsprechen: ein Knoten liegt an der Mündung bei Perim, ein zweiter in der Nähe von Port Sudan, ein
Schwingungsbauch nahe der Mündung bei Assab und ein an-

54

derer bei Schadwan am Eingang des Meerbusens von Suez; aber die wirklichen Tiden, durch Kreuze unter den Ortsnamen bezeichnet, sind bedeutend größer. Wie so oft ist es jedoch auch hier das Versagen, nicht das Zutreffen der Theorie, das den Ansatzpunkt der Weiterentwicklung bildet. Denn die Ursache ist nicht schwer zu erkennen: die Gezeiten des Roten Meeres beruhen nur zum kleineren Teil auf der Wirkung der Gestirnskräfte auf das Rote Meer selbst; es dringt außerdem die Gezeitenwelle des Indischen Ozeans durch die Straße von Bab-el-Mandeb als fortschreitende Welle herein.

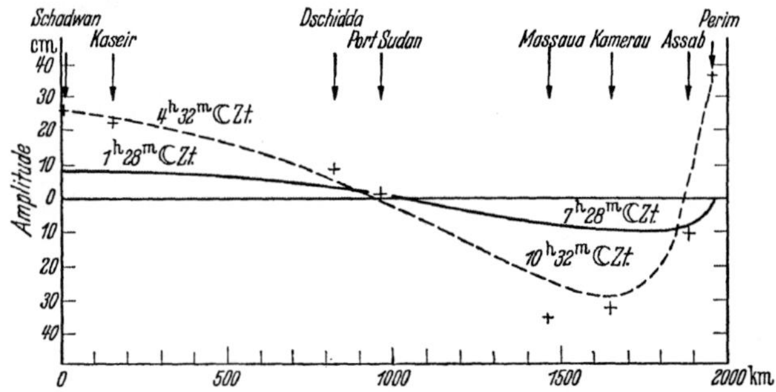

Abb. 33. Gezeiten des Roten Meeres zwischen dem Eingange bei Perim und dem Golf von Suez (Schadwan). Die Kreuze bedeuten die beobachtete Amplitude, die ausgezogene Linie die durch Einwirkung des Mondes auf das Rote Meer selbst hervorgerufenen Gezeiten („Selbständige Gezeit"), die gestrichelte das Mitschwingen mit dem Indischen Ozean („Mitschwingungsgezeit".) Nach Grace.

Von einer *fortschreitenden Flutwelle* spricht man, wenn die Wellenlänge, von Kamm zu Kamm gemessen, viele Male so groß ist wie die Wassertiefe; solche Wellen sind, verglichen selbst mit ozeanischen Tiefen, „Seichtwasserwellen", ebenso wie auch die schon besprochenen stehenden Wellen der Seiches. Auch in ihnen bleiben alle Wasserteilchen, die einmal senkrecht untereinander lagen, in einer Senkrechten, führen also die gleiche Bewegung aus; man kann daher ebenso wie bei der Schaukelbewegung der Abb. 3o die ganze Wassermasse durch senkrechte bewegliche Wände in Zellen einteilen, deren Inhalt unverändert bleibt (Abb. 34). Aber sonst bestehen tiefgehende Unterschiede: Einen Augenblick ohne Bewegung, wie etwa in Abb. 3o a und 3o e, gibt es in einer fortschreitenden Welle ebensowenig wie einen Augenblick, in dem alle Teilchen zugleich in stärkster Bewegung begriffen sind. Vielmehr findet man die Höchstgeschwindigkeit in jedem der durch Abb. 34 wiedergegebenen Augenblicke vor, aber immer

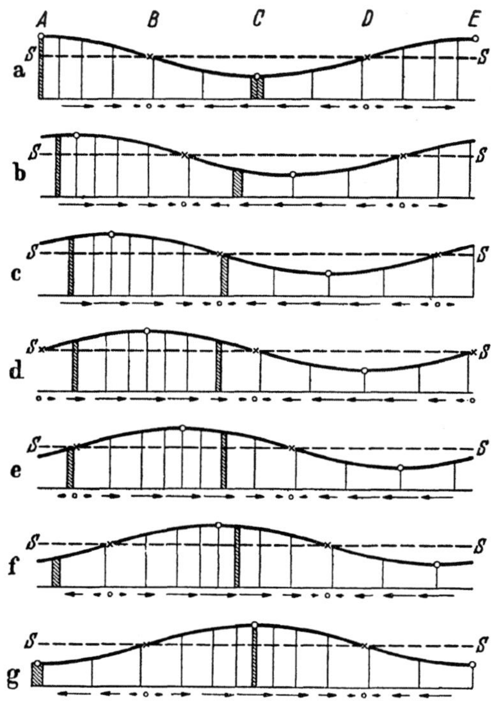

Abb. 34. Fortschreitende Flutwelle in sieben um $^1/_{12}$ Periode aufeinanderfolgenden Augenblicken; mit g beginnt die zweite Hälfte der Schwingung. Die einzelnen Wassersäulen, wie z. B. die beiden schraffierten, pendeln nur hin und her, wobei sie sich verkürzen und verlängern. Der Wasserinhalt zwischen zwei Zellwänden bleibt unverändert. Die Geschwindigkeitspfeile gelten immer für die ganze darüberstehende Wassersäule.

an anderer Stelle, ebenso auch die Geschwindigkeit Null immer wieder an anderer Stelle: Der stärkste Strom vorwärts (im Sinne des Fortschreitens der Welle nach rechts) fällt zusammen mit der jeweiligen Lage des Wellenberges, der stärkste Strom rückwärts mit der des Wellentals (bezeichnet durch kleine Kreise) und die stromlose Stelle mit der des

Knotens (bezeichnet durch Kreuze). Überhaupt unterscheiden sich die Abb. 34a bis 34g nur dadurch voneinander, daß Wellenlinie und Stromfeld gleichmäßig nach rechts wandern, ohne sich selbst zu ändern. Anders freilich, wenn man nicht die Bewegung der Oberflächenlinie oder des Geschwindigkeitsfeldes betrachtet, die ja eigentlich mehr abstrakter Art sind, sondern die Bewegungen der Wasserteilchen ins Auge faßt. Die Abb. 34 zeigt, wie eine Wassersäule hin und her schwingt, wobei sie sich verlängert und zugleich verschmälert, oder verkürzt und zugleich verbreitert; aber sie kehrt immer wieder zu ihrem anfänglichen Orte zurück, im Gegensatze zum Weiterwandern der Wellenform. Man kann dies auch an kleinen Wellen auf Gewässern beobachten. Wer etwa eine Welle auf sich zukommen sieht, der kann wohl einen Augenblick lang glauben, ein Wasserberg rücke auf ihn zu; wenn man aber auf Treibgut achtet, das im Wasser dicht unter der Oberfläche schwimmt, so daß es dem Einflusse des Windes entzogen ist, so bemerkt man, daß es nicht eigentlich seinen Ort verändert, sondern sich nur hin und her bewegt.

Bei genauerem Hinsehen findet man, daß dies Verhalten in der gegenseitigen Lage von Gefälle und Geschwindigkeitsfeld begründet ist. Z. B. strömt auf den linken Knoten B, etwa der Abb. 34a, von beiden Seiten Wasser zu, so daß es dort steigen muß; doch auch links von ihm fließt an jeder Stelle von links mehr Wasser zu, als nach rechts abfließt, und entsprechend verhält es sich weiter rechts, nur daß hier „rechts" und „links" zu vertauschen sind: zwischen den beiden in der Abbildung hervorgehobenen Wassersäulen, die sich ja aufeinander zu bewegen, schwillt daher das Wasser an, und der Knoten, d. i. der Schnittpunkt der Wellenlinie, wandert mit nach rechts. Mit ihm jedoch auch das Stromfeld: das Gefälle verstärkt die nach rechts setzenden Geschwindigkeiten, schwächt aber die nach links gerichteten ab, und damit muß die Stelle der Bewegungslosigkeit nach rechts wandern. Links von A wird das Gefälle den Strom abschwächen, und deshalb wird im nächsten Augenblicke weniger Wasser von links ein- als rechts austreten, so daß der Wasserspiegel fällt; der Scheitel der Welle verlagert sich somit nach rechts. Weitere Schlüsse über den

Fortgang der Bewegung möge der Leser selbst ziehen; das eine dürfte einleuchten: *Daß* die Welle fortschreitet, ist dem Ineinandergreifen des Gefälles, dargestellt durch die Wellenlinie, und des Stromfeldes zuzuschreiben. Wie schnell sie wandert, das hängt, wie die Mathematik zeigt, von der Wassertiefe ab:

Tabelle 2.

Geschwindigkeit und Länge fortschreitender Flutwellen.

Wassertiefe m	Geschwindig- keit m/sec	M_2-Welle, Länge in km	Wassertiefe m	Geschwindig- keit m/sec	M_2-Welle, Länge in km
5	7,0	313	400	63	2800
10	9,9	443	500	70	3130
15	12	542	750	86	3840
20	14	626	1000	99	4430
30	17	767	1500	121	5430
40	20	886	2000	140	6260
50	22	990	2500	157	7000
60	24	1090	3000	172	7670
70	26	1170	3500	185	8290
80	28	1250	4000	198	8860
90	30	1330	4500	210	9390
100	31	1400	5000	222	9900
200	44	1980	6000	243	10850
300	54	2430			

Die in der Tabelle angegebene Wellenlänge (von Kamm zu Kamm) hängt außer von der Tiefe noch von der Periode ab. Aus Abb. 34 ist zu ersehen, daß der Wellenkamm im Verlaufe einer halben Periode vom linken Ende (Abb. 34 a) bis zur Mitte des Abschnittes (Abb. 34 g) fortgerückt ist; nach einer vollen Periode wird er das rechte Ende erreicht, also gerade eine Wellenlänge durchwandert haben. *Die Wellenlänge ist also, mit anderen Worten, die Strecke, welche die Welle während einer Periode zurücklegt.* Da die Periode der Hauptmondtide (M_2) 12 Std. 25 Min., genauer 44714 Sek. beträgt, erhält man die Wellenlänge durch Multiplizieren der Geschwindigkeit mit 44714. Die Größe der erhaltenen Zahlen läßt erkennen, daß es aussichtslos ist, die Wellennatur der Gezeiten etwa mit dem Auge wahrnehmen zu wollen. Dazu würde ein Gesichtsfeld gehören, das man erst bei einer Erhebung weit in die Stratosphäre hinein gewinnen könnte, und alsdann wäre wieder der Hub der Gezeitenwelle zu klein, um wahrgenommen zu werden.

Nun sind die Gezeiten ein unablässig sich wiederholender Vorgang; die vom Weltmeere her in einen etwa rechteckigen Meerbusen eindringende M_2-Welle muß also dort anderen, vorhergegangenen, begegnen, die vom geschlossenen Ende zurückgeworfen wurden. Falls der Meerbusen tief ist, bewirkt die Reibung keine merkliche Abschwächung, und die zurückgeworfenen Wellen sind ebenso stark wie die neu einkommen-

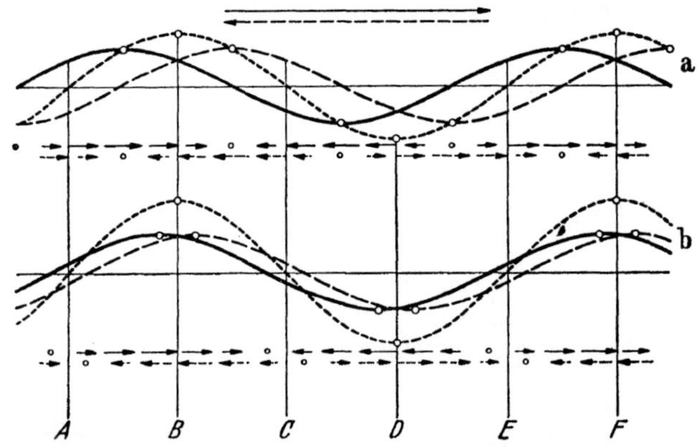

Abb. 35. Begegnung zweier gleicher und entgegengesetzt fortschreitender Wellen in zwei um $^1/_{12}$ Periode verschiedenen Zeitpunkten. Die ausgezogene Welle wandert nach rechts, die gestrichelte nach links. Die zugehörigen Geschwindigkeitspfeile sind ebenfalls ausgezogen und gestrichelt. Die aus der Zusammensetzung sich ergebende Welle ist punktiert.

den. Bei einer solchen Begegnung, die in Abb. 35 in zwei um $^1/_{12}$ Periode aufeinanderfolgenden Augenblicken dargestellt ist, trifft in Punkten wie A, C, E in jedem Augenblicke eine Erhebung der nach rechts wandernden Welle mit einer ebenso großen Senkung der nach links wandernden zusammen, so daß sie sich gegenseitig ausgleichen; hier liegen also feste Knoten. Andrerseits bildet sich ein Wellenkamm in B und F und ein Wellental in D, die beide ihren Ort nach Art einer stehenden Welle nicht ändern (s. Abb. 3o). Daß in der Tat eine stehende Welle vorliegt, bestätigt ein Blick auf das Geschwindigkeitsfeld; da die Wellen entgegengesetzt laufen, bewegen sich die Teilchen in den Wellenkämmen und -tälern

der beiden sich begegnenden Wellen einander entgegen und
heben sich auf; in B, D, F ist dauernde Stromlosigkeit, ver-
bunden mit stärkstem Hub: Schwingungsbäuche, vgl. Abb. 3o.
In A, C, E, den hubfreien Punkten, laufen die Teilchen beider
Wellen in gleicher Richtung, und die Geschwindigkeit verdop-
pelt sich bei der Zusammensetzung. Die beiden Merkmale
eines Knotens (Abb. 3o) hinsichtlich Wellenlinie und Stromfeld sind daher vorhanden. Kurz zusammengefaßt: Die Begegnung zweier gleicher fortschreitender Wellen erzeugt stehende Wellen. Übrigens lassen sich auch umgekehrt zwei stehende Wellen so zusammenfügen, daß eine fortschreitende

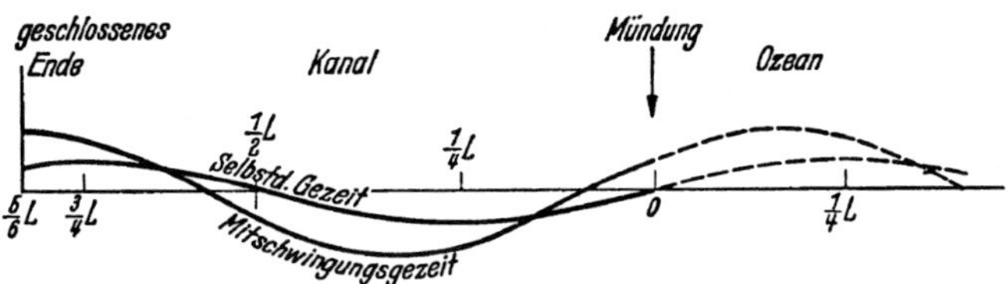

Abb. 36. Selbständige Gezeit und Mitschwingungsgezeit in einem schmalen
rechteckigen Meerbusen von 300° Länge ($=L$).

Welle herauskommt; Vorbedingung ist dabei natürlich, daß
das Becken an beiden Enden offen ist, um die Wander-
bewegung nicht zu hindern.

An den Gezeiten eines schmalen Meerbusens sind somit
zwei stehende Schwingungen beteiligt:

1. eine *selbständige Gezeit*, die durch die Einwirkung der
Gestirnskräfte auf den Meerbusen selbst entsteht. Sie besitzt
einen Knoten an der Mündung (Abb. 36). Ob im Innern des
Meerbusens noch weitere Knoten vorhanden sind, bestimmt
sich danach, wie lang der Meerbusen im Vergleich zur Wellenlänge ist, die wiederum durch die Wassertiefe bedingt
wird (Tab. 2, S. 58). In der Abb. 36 ist die Kanallänge
gleich $^5/_6$ der Wellenlänge L angenommen; dann liegt im
Innern, eine halbe Wellenlänge von der Mündung entfernt,
ein zweiter Knoten;

2. eine *Mitschwingungsgezeit*, die durch die Gezeiten-
bewegung des Ozeans an der Mündung des Kanals und Zurückwerfung an seinem Ende hervorgerufen wird. Sie besitzt

am geschlossenen Ende einen Schwingungsbauch. Im vorliegenden Beispiele fallen zwei (um eine viertel Wellenlänge voneinander entfernte) Knoten in den Bereich des Meerbusens.

Die Gezeiten eines Meerbusens setzen sich demnach aus diesen zwei Anteilen zusammen, die sich, wie Abb. 36 erkennen läßt, natürlich in den Ozean hinein fortsetzen; doch zerstreut sich hier die Wirkung schnell nach allen Seiten; nur wenn der Kanal und seine Mündung breit sind, muß man in der Berechnung geeignete Verbesserungen vornehmen.

Mustert man unter diesen Gesichtspunkten noch einmal die Abb. 33, so zeigt sich im Roten Meere neben der schon erwähnten selbständigen eine etwa dreimal so starke Mitschwingungsgezeit. Man darf aber die durch beide veranlaßten Erhebungen nicht einfach zusammenzählen; denn die Hochwasserzeit der selbständigen Gezeit richtet sich nach den Gestirnen (hier dem Monde), die der Mitschwingungsgezeit jedoch nach dem Eintritt des Hochwassers an der Mündung. Die beiden Gezeiten treffen also nie im Zustande stärkster Entwicklung zusammen, wodurch ihre Summe abgeschwächt wird. In der Abb. 33 sind beide Zeiten bezogen auf den Durchgang des Mondes in Greenwich und in Mondstunden angegeben; will man gewöhnliche Zeit haben, so muß man daran denken, daß 12 Std. 25 Min. gewöhnliche (Sonnen-) Zeit 12 Mondstunden entsprechen, und für jede Stunde etwa 2 Min. (= 25 Min. : 12) hinzufügen. Das würde heißen, daß z. B. in Schadwan die selbständige Gezeit 1 St.d 31 Min. (gewöhnliche Zeitrechnung), die Mitschwingungsgezeit 4 Std. 41 Min. nach dem Durchgange des Mondes in Greenwich Hochwasser hat. Berücksichtigt man dies bei ihrer Zusammenfügung, so ergibt sich gute Übereinstimmung zwischen Rechnung und Beobachtung.

14. Die Gezeiten im Meerbusen von Suez (schmaler und seichter Kanal).

Auf der Landkarte sieht der Meerbusen von Suez fast wie ein auf etwas weniger als ein Sechstel verkleinertes Bild des Roten Meeres aus. Da aber seine mittlere Tiefe nur etwa ein

Elftel von der des Roten Meeres ist, gewinnen die Bodenhindernisse einen beträchtlichen Einfluß auf die Entwicklung
der Gezeiten. Von der Mündung bei Schadwan ab nimmt der
Hub (Abb. 37) zuerst ziemlich schnell ab, dann aber wieder
kräftig zu bis Suez, während an der Stelle des kleinsten Hubs
die Hochwasserzeit schnell um ungefähr 5 Stunden zunimmt.
Wäre der Hub bei den Torbänken Null und spränge dort die
Hochwasserzeit um 6 Stunden, so hätte man es mit einer stehenden Schwingung zu tun (vgl. Abb. 36). Um dies, wenigstens zum Teil, als eine Wirkung der Reibung zu verstehen,
nehme man an, eine von außen her in einen Kanal eindrin-

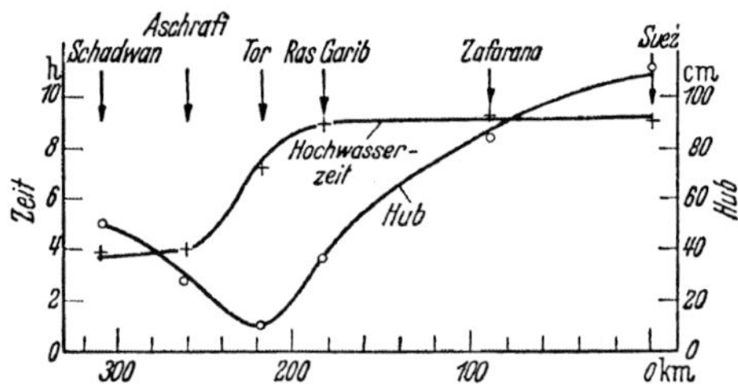

Abb. 37. Hochwasserzeit (– + – + –) und Hub (– o – o –) im Meerbusen
von Suez; Zeit bezogen auf den Monddurchgang in Greenwich. Nach Grace.

gende Welle begegne der am Ende des Kanals zurückgewor-
fenen, aber diese sei durch die Reibung abgeschwächt; man
hat sich, mit anderen Worten, die Frage vorzulegen, welches
Ergebnis das Zusammentreffen zweier Wellen von gleicher
Periode (und Wellenlänge), aber verschiedener Höhe, hat. Die
entstehende Schwingung ist ein Zwischending von fortschreitender und stehender Welle (Abb. 38). In einer stehenden
Schwingung (Abb. 30) haben alle Orte auf der einen Seite des
Knotens in jedem Augenblicke gleiche, die auf der anderen
Seite alle die entgegengesetzte Phase; aber sie haben ungleichen Hub; im Knoten selbst ist der Hub Null. In einer fortschreitenden Welle (Abb. 34) haben in einem Augenblicke
alle Orte verschiedene Phase; sie haben nacheinander Hochwasser, aber der Hub ist überall gleich groß. In der durch die
Begegnung zweier ungleicher Wellen entstandenen Welle sind
beide Grundzüge vermischt anzutreffen: Alle Orte haben ver-

62

schiedene Phase, wie in einer fortschreitenden Welle, aber der
Wellenkamm (die römischen Ziffern) schreitet bald schnell,
bald langsam vorwärts. Der Hub ist von Ort zu Ort verschieden, wie in einer stehenden Welle, ohne aber irgendwo ganz
zu verschwinden, weil die beiden Wellen sich wegen ihrer Ungleichheit nicht gegenseitig aufheben können. Was aber das
Seltsamste ist, Hochwasser fällt nicht mehr in den Zeitpunkt,
in dem der Wellenkamm an einem Orte vorbeiläuft; während
der Wellenkamm (gekennzeichnet durch römische Zahlen)
XII—I durchläuft, rückt das Hochwasser (arabische Ziffern)

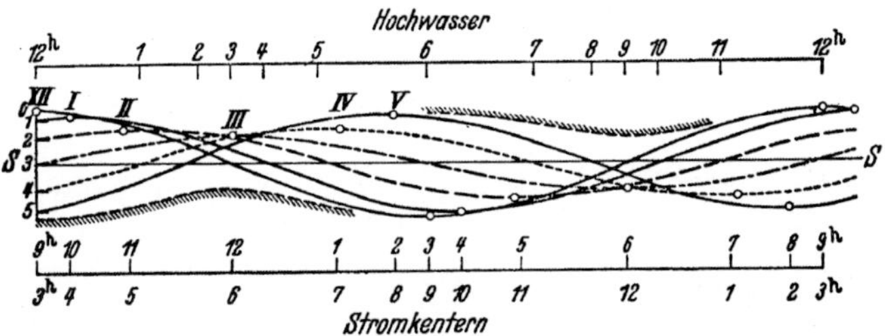

Abb. 38. Begegnung zweier fortschreitender Wellen von gleicher Periode, aber
ungleicher Höhe, in 6 Zeitpunkten; die nach rechts wandernde ist dreimal so
hoch wie die nach links wandernde. Die Gezeitenperiode von 12 Std. 25 Min.
ist in 12 Tidestunden geteilt = $^1/_{12}$ Periode; die römischen Ziffern und Kreise o
geben die Lage des Wellenkamms in jedem Augenblicke an. Die schraffierte
Linie bezeichnet die Grenzen der Niedrig- und Hochwasser an den Stellen,
wo sie nicht aus den Wellenlinien zu erkennen sind. Die arabischen Ziffern
bedeuten die Hochwasserzeit. Die unterste Zeitskala gibt den Augenblick
des Stromkenterns an jedem Orte an.

von 12^h nach 1^h vor! Der Ort 1^h hat nämlich Hochwasser lange
vor dem Eintreffen des Wellenkamms; das rührt daher, daß
der Wellenkamm, wenn er kurz nach II Uhr hier ankommt, sich
inzwischen stark erniedrigt hat, vgl. die Wellenlinie um I Uhr.
Nun kentert zwar der Strom, wie es in einer fortschreitenden
Welle geschieht, um 3 Stunden vor und nach Hochwasser
(vgl. Abb. 34). Ein rechts von II befindlicher Beobachter kann
aber die Wellenform der Wasseroberfläche nicht erkennen,
weil sie zu flach ist; schon bei gewöhnlichen kurzen und stei-
leren Wellen wird man oft Schwierigkeiten haben, den genauen Ort des Wellenkamms anzugeben. Der Beobachter kann
sich nur richten nach dem Zeitpunkte des Hochwassers; auf

diesen bezieht er das kurz nach XI und nach V erfolgende
Stromkentern und stellt fest: der Strom kentert etwa 2 Stunden vor und 4 Stunden nach Hochwasser, d. i. weder gleichzeitig mit Hochwasser, wie in einer stehenden Schwingung,
noch 3 Stunden nachher, wie in einer fortschreitenden. Man
kann daher von einem *verschobenen Wellengefüge* reden. Es
läßt sich leicht zeigen, daß auch die Zusammensetzung irgend
zweier oder mehrerer anderer stehenden oder fortschreitenden Wellen von gleicher Periode (und daher auch Länge) ein
verschobenes Gefüge ergibt, so daß diese Mischform auch bei
regelmäßiger Gestalt des Beckens die häufigste Schwingungsform sein dürfte.

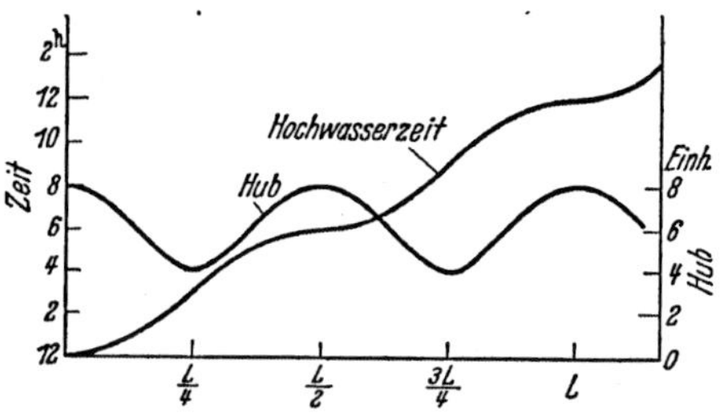

Abb. 39. Hochwasserzeit und Hub im Falle
zweier sich begegnender Wellen von der
Höhe 6 und der Höhe 2 von der gleichen
Länge *L.*

Richtet man sein Augenmerk nur auf die leicht zu beobachtenden Größen, die Hochwasserzeit und den Hub, so erhält man eine Darstellung nach Art der Abb. 39, in der wiederum

die Zwischenform zu erkennen ist: In einer fortschreitenden
Welle würde die Hochwasserzeit gleichmäßig zunehmen, also
durch eine Gerade dargestellt, in einer stehenden ist sie links
vom Knoten und rechts von ihm um 6 Stunden verschieden,
würde also in der Abbildung als eine Treppenlinie erscheinen,
deren Stufen mit den Knotenpunkten zusammenfallen. Im
verschobenen Gefüge ist sie ein Zwischending von Treppe und
schräger Geraden; der Sprung im Knoten ist abgemildert zu
einem schnellen Anstieg an der Stelle kleinsten Hubs, während
ihr Verlauf an den Stellen größten Hubs, die an den Platz der
Schwingungsbäuche treten, sich dem einer waagerechten Geraden nähert. Diese Grundzüge sind in den Gezeiten des Meerbusens von Suez (Abb. 37) ziemlich gut verwirklicht, und man
kann daraus entnehmen, daß seine Gezeiten hauptsächlich verursacht werden durch die aus dem Roten Meere eindringende
und durch Reibung umgestaltete Welle.

64

Genauer genommen begegnet nicht eine Welle von bestimmter Höhe einer anderen von bestimmter, aber kleinerer Höhe, sondern sowohl die eindringende wie die zurückgeworfene Welle wird fortgesetzt und stetig durch die Reibung abgeschwächt, wodurch eine etwas verwickeltere Form entsteht. Ist z. B. der Meerbusen einundeinehalbe Wellenlänge lang (vgl. Tab. 2, S. 58 und Abb. 36), so sind zwar in der Nähe des geschlossenen Endes die einkommende und die zurückgeworfene Welle fast gleich, und es entsteht hier ein Gefüge, das einer stehenden Welle ziemlich nahe kommt: Der Hub wechselt zwischen 6 und 1 der angenommenen Einheiten, und die Hochwasserzeit nimmt an der Stelle des kleinsten Hubs (beinahe ein Knoten) sprunghaft zu. Am Eingange des Kanals dagegen ist die eindringende Welle stark, die zurückgeworfene aber schon ziemlich schwach, und kann sie nicht mehr stark verändern; der Hub wechselt nur zwischen kaum 9 und

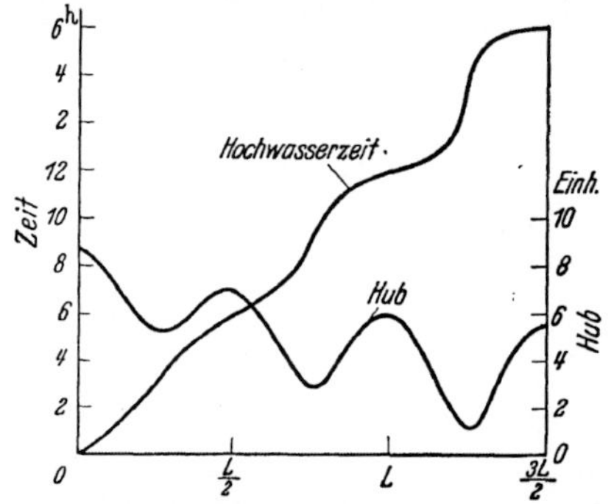

Abb. 40. Eine Welle dringt in einen Kanal von $1^1/_2$ Wellen Länge ein, wird durch Reibung stetig gedämpft und begegnet der am Ende des Kanals zurückgeworfenen, die im gleichen Maße gedämpft wird.

mehr als 5 Einheiten, während die Hochwasserzeit fast gleichförmig zunimmt. Die Gezeitenwelle eines Kanals mit starker Reibung hat daher an der Mündung mehr die Merkmale einer fortschreitenden, in der Nähe des Endes aber mehr die einer stehenden Schwingung.

15. Die Gezeiten der Unterweser (Flußtiden).

Bevor die Hansestadt Bremen in den achtziger Jahren des vorigen Jahrhunderts begann, die für sie lebenswichtige Unterweser zu einem Großschiffahrtsweg auszubauen, floß diese in einem breiten, seichten Bette zwischen niedrigen, durch Deiche geschützten Ufern dahin; sowohl der Ebbstrom wie auch der stromaufwärts gerichtete Flutstrom schlängelte sich in Mäandern zu Tal oder zu Berg. Oft bevorzugte der Ebbstrom eine andere Rinne als der Flutstrom, so daß die Mäander sich überschnitten und 8förmige Rinnen mit langgestreckten Sandbänken dazwischen bildeten. Wiederholt griff Bremen hier mit großen Mitteln ein. Man vertiefte nicht nur die Fahrrinne durch Baggern, sondern sorgte namentlich durch Leitwerke

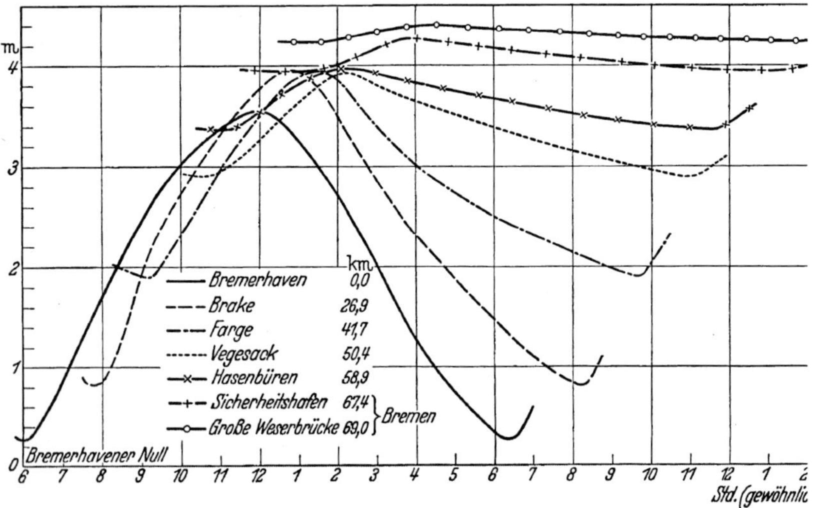

Abb. 41. Tidekurven der Unterweser bei niedrigem Oberwasser (1879) vor ihrem Ausbau. Nach Franzius.

dafür, daß die Spülkraft des Stroms sich in einem einzigen Bette sammelte und ein Wiederentstehen von Bänken verhinderte. Heute kann man daher die Unterweser nicht eigentlich mehr als einen natürlichen Fluß ansehen, zumal sich auch die Gezeiten erheblich geändert haben: z. B. ist der Hub in Bremen von 17 cm auf mehr als 3 m gestiegen! Ausgeprägte Flußtiden dagegen hatte die Unterweser *vor* ihrem Ausbau. Die Tidekurven aus dieser Zeit (Abb. 41) zeigen eine Reihe von Besonderheiten:

Man sieht: Im Gegensatze zu einem Kanale, an dessen geschlossenem Ende der Hub wieder anwächst (Abb. 39, S. 64 und Abb. 40, S. 65) nimmt also der Hub flußaufwärts stark

66

ab und erlischt oberhalb Bremens völlig: es gibt eine *Flutgrenze.* Dabei hebt sich die Höhe des Hochwassers vom Meere bis hierhin nur wenig (um 0,74 m), die des Niedrigwassers aber beträchtlich mehr (3,13 m); man darf aber nicht etwa denken, daß der Wasserspiegel z. B. bei Hochwasser vom Meere bis Bremen nur um 74 cm anstiege; denn Hochwasser tritt in Bremen 4 Std. 20 Min. später ein als in Bremerhaven, also zu einem Zeitpunkte, in dem das Wasser hier schon stark

Tabelle 3. Die Gezeiten der Weser vor ihrem Ausbau.

	km	Dauer des Steigens Std. Min.	Fallens Std. Min.	Höhe des Nd.-Wss. m	H.-Wss. m	Hub m
Bremerhaven	0.0	5 57	6 28	0,26	3.56	3,30
Brake	26,9	5 1	7 24	0,81	3.96	3,15
Farge	41,7	4 17	8 8	1.90	3,94	2.04
Vegesack	50,4	3 32	8 53	2,91	3.93	1.02
Hasenbüren	58.9	3 5	9 20	3,37	3,96	0.59
Bremen, Sicherheitshafen .	67,4	3 2	9 23	3,95	4,28	0.33
Bremen, Große Weserbrücke	69,0	2 58	9 27	4,23	4,40	0,17

gefallen ist. Das Niedrigwasser braucht allerdings 7 Std. 19 Min., um von Bremerhaven bis Bremen vorzudringen, also wesentlich länger. Dadurch wird die Gezeitenkurve, die in Bremerhaven noch leidlich symmetrisch war, immer unsymmetrischer, indem die Steigdauer sich von 5 Std. 57 Min. auf 2 Std. 58 Min. verkürzt, die Falldauer sich dagegen von 6 Std. 28 Min. auf 9 Std. 27 Min. verlängert; die Gesamtdauer muß natürlich immer 12 Std. 25 Min. betragen. Außerdem findet man gelegentlich, z. B. bei Brake, daß das Wasser zuerst ziemlich schnell, dann jedoch langsamer steigt, so daß die Kurve im Flutschenkel geknickt erscheint. Ähnliches beobachtet man auch bei Tidekurven im Wattenmeere: Wenn nämlich das Wasser zu steigen beginnt, füllen sich zuerst die Priele (Abb. 1, 7). Sobald diese überlaufen und das von der See her kommende Wasser sich über weite Wattflächen ergießt, verlangsamt sich naturgemäß das Steigen; namentlich das anfängliche schnelle Steigen hat für den Wattwanderer etwas Bedrohliches. Gegenüber der gewölbten Form des Flutschenkels ist der Ebbeschenkel, ebenfalls von der Sinus-

linie abweichend, fast gerade oder sogar eingedrückt (z. B.
Brake, Farge). Um dies zu verstehen, muß man auf die
Schwingungen eines Pendels zurückgreifen.

Könnte man alle Reibung und auch den Luftwiderstand
völlig ausschalten, so würde das Pendel der Abb. 16, S. 22,
wenn man es quer zum bewegten Papierstreifen anstößt, auf
diesem eine Sinuslinie beschreiben, wie sie Abb. 14 oder 42a
zeigt. Natürlich kann man die Bewegungshindernisse in Wirklichkeit nicht ganz ausschalten; solange sie nicht allzu groß
sind, erhält man anstatt der ungedämpften Schwingung der
Abb. 42a eine gedämpfte, Abb. 42b: Die Ausschläge werden
immer kleiner, bis sie
schließlich ganz ausblei-
ben. Das würde etwa den
Gezeiten in einem seich-
ten Kanal entsprechen,
wie sie Abb. 40, S. 65,
darstellt, bei denen die
Amplitude nach dem Ende
des Kanals hin abnimmt,
wobei freilich infolge der

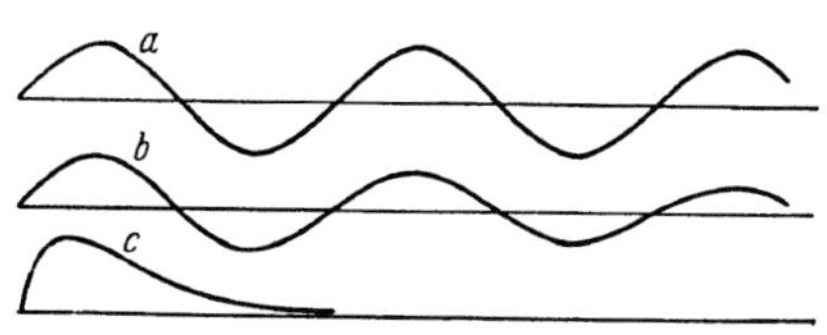

Abb. 42. Pendelschwingungen: a) ohne
Reibung, b) mit geringer, c) mit sehr
starker Reibung („aperiodische").

Zurückwerfung am Ende selbst noch immer ein Schwingungsbauch liegt, wenn er auch schwächer ausgebildet ist als die
vorhergehenden Schwingungsbäuche. Nun kann aber bei sehr
großer Reibung, wenn z. B. das Pendel in Wasser oder Öl
eintaucht, auch der Fall eintreten, daß es zwar einen Aus-
schlag macht, daß jedoch sein Schwung, genauer seine durch
die Bewegungswiderstände aufgezehrte Energie nicht mehr
ausreicht, um es über den Nullpunkt hinaus nach der anderen
Seite zu treiben (Abb. 42c); es nähert sich dann mit fortgesetzt
abnehmender Geschwindigkeit seiner Ruhelage: *aperiodische*
Bewegung oder *abgedrosselte* Schwingung.

Die Tidekurven der Unterweser, besonders die weiter aufwärts aufgezeichneten, zeigen in ihrer Form Verwandtschaft
mit der Linie Abb. 42c; in der Tat zeigt bei ihnen nur der
Flutschenkel, wenn auch etwas gestört, die Merkmale einer
Welle. Bald nach Hochwasser aber sinkt der Wasserstand
ganz gleichmäßig ab, etwa wie wenn ein gefülltes Becken sich

68

entleert; die Trägheit des Wassers, die, ähnlich der des Pendels, ein Hinausschießen über die Ruhelage zu bewirken sucht, kann infolge der erheblichen Reibungswiderstände nicht mehr zur Geltung kommen. Daß unter diesen Umständen der ganze Vorgang sich periodisch wiederholt, obwohl er keine echte Schwingung mehr ist, liegt nur daran, daß alle 12 Std. 25 Min. vom Meere aus ein neuer Anstoß durch die eindringende Flutwelle erfolgt; man könnte ja auch das Pendel in dem oben gemachten Vergleich, nachdem es zur Ruhe gekommen ist, in regelmäßigen Zeitabständen wieder von neuem anstoßen, aber von einer periodischen Schwingung im eigentlichen Sinne des Wortes darf man nicht mehr sprechen; sie wird jedesmal wieder abgedrosselt.

Die von der See her eindringende Flutwelle wirkt ungefähr so, wie wenn eine Lokomotive einen Güterzug anstößt; jeder Wagen gibt den Stoß an den nächsten weiter, ohne daß er sich sehr weit von der Stelle bewegt; auch das Meerwasser pflegt nicht weit in den Fluß einzudringen, aber sein Anstoß wirkt bis zur Tidegrenze hin. Wollte man trotz allem die Erscheinung unter dem Gesichtspunkte einer Welle betrachten, so müßte es eine fortschreitende sein: von Bremerhaven bis Bremen braucht sie ja mehr als vier Stunden! Nicht stimmen wollen aber zu diesem Bilde die Geschwindigkeiten der Wasserteilchen; während der Strom in einer fortschreitenden Welle bei „halber Tide“ kentert (Abb. 34), in einer stehenden aber bei Hoch- oder Niedrigwasser (Abb. 30), geschieht dies z. B. in Bremerhaven etwa $^3/_4$ Stunden nach Hochwasser, und je weiter flußaufwärts, um so kürzere Zeit nach Hochwasser. Die Welle nähert sich also hinsichtlich des Stroms der Form der stehenden, hinsichtlich ihrer Oberflächenform aber einer fortschreitenden Welle; sie gehört somit zur Gruppe der verschobenen Gefüge (s. S. 64).

Auch hier spricht die Reibung das Hauptwort. Um dies zu erkennen, denke man etwa an den Mittel- oder Oberlauf eines Flusses. Wäre keine Reibung vorhanden, so würde sich jedes etwaige Gefälle des Flusses sofort ausgleichen, so daß der Wasserspiegel waagerecht wäre. Sobald die Reibung wirkt, wird der Abfluß aufgehalten, und dadurch stellt sich ein

Spiegelgefälle flußabwärts ein, das seinerseits wieder die Energie zur Überwindung der Reibung liefert. Wenn z. B. an irgendeiner Stelle A eines Flußlaufs (Abb. 43) (oberhalb des Tidegebietes) ein Hindernis neu auftritt (gestrichelt), so hebt sich der Spiegel weiter oberhalb (gestrichelt) und liefert dadurch ein zusätzliches Gefälle zur Überwindung der vergrößerten Reibung: der Strom hilft sich also sozusagen selbst.

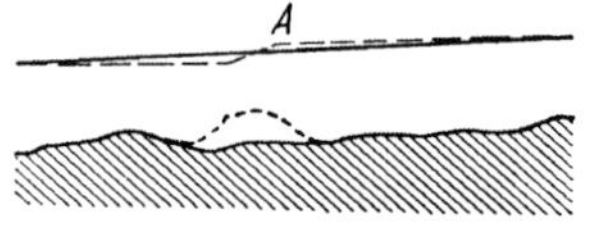

Abb. 43. Längsschnitt durch eine Flußtrecke ohne (—) und mit Hindernis (---).

Nun dringe eine fortschreitende Welle in den Unterlauf eines Stroms ein (Abb. 44); das zugehörige Feld der Geschwindigkeiten weist die größte Stärke bei Hoch- und Niedrigwasser auf und kentert bei halber Tide. Jetzt denke man sich für einen Augenblick die wellenförmige Oberfläche fort, während das Geschwindigkeitsfeld bestehen bleibt, und es wirke eine kräftige Reibung. Diese würde dann bewirken, daß

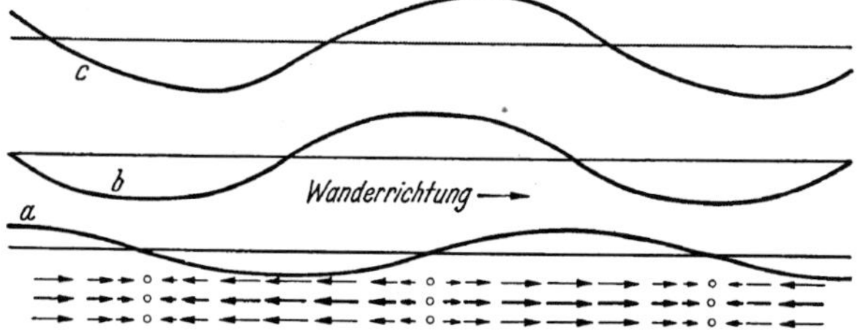

Abb. 44. Geschwindigkeitsfeld einer fortschreitenden Welle a, dazugehöriges Reibungsgefälle b und (roh genähert) die aus der Zusammensetzung beider Gefälle entstehende Welle c.

die Oberfläche ein Gefälle zu ihrer Überwindung bekäme, steil an den Stellen stärksten Stroms, Null an den Kenterstellen. Mit anderen Worten: Wenn der Spiegel ursprünglich waagerecht wäre, die Strömung jedoch der Abb. 44a entspräche, so würde die Reibung der Oberfläche die Wellenform b auferlegen, um das Geschwindigkeitsfeld aufrechtzuerhalten. Die Linien a und b aber ergeben zusammengesetzt die Wellenform c, die nach rechts fortschreitet; sie hat einen steilen Anstieg und einen allmählicheren Abfall, und der Kenterpunkt liegt in der Tat kurz hinter Hoch- und Niedrigwasser. Man

muß allerdings dabei bedenken, daß diese Betrachtungsweise
nicht streng zutreffen kann. Denn auch die Linie c kann nicht
in der gezeichneten Form bestehen bleiben, weil sie wiederum durch ihre Gefällsverhältnisse die Verteilung der Geschwindigkeiten verändern wird. Die veränderten Geschwindigkeiten ergeben wieder eine veränderte Reibung, und damit
eine veränderte Oberflächenform usf. Die Abb. 44 kann da-

Abb. 45. Bore auf dem Tsien-tang.

her nur eine ungefähre Vorstellung davon geben, in welchem
Sinne sich der innere Bau einer Tidewelle in einem Flusse
durch die Reibung verändert.

Auch seichte, bei Ebbe trocken fallende Bänke erzeugen
eine größere Steilheit der Tidewelle im Anfange der Flut. Es
gibt eine ganze Reihe Flüsse, gewöhnlich solche, deren Mündung breit, aber durch eine Barre von Sandbänken der erwähnten Art zum Teil versperrt ist, welche die nach Niedrigwasser eindringenden Mengen Seewasser nicht sofort zu
schlucken vermögen; der Anstieg im Beginn der Flut vollzieht
sich dann so schnell, daß eine mächtige steile Woge wie eine
Mauer stromaufwärts rauscht: eine sog. *Bore.* Man kennt

71

diese eindrucksvolle Naturerscheinung von verschiedenen europäischen Flüssen, so z. B. auf dem Severn, auf dem Trent und früher auf der Seine, wo sie „Mascaret" hieß. Von außereuropäischen Strömen sei besonders der Amazonenstrom genannt, wo sie als „Pororoca" Höhen bis zu 5 m, und der Tsien-Tang in Südchina, wo sie gelegentlich auch schon 8 m erreicht haben soll (Abb. 45). Die zugehörige Tidekurve verläuft im ersten Augenblicke nach Niedrigwasser fast senkrecht, indem der Wasserstand sprunghaft hinaufschnellt.

16. Die Gezeiten des Schwarzen Meeres (breites Becken).

Das Schwarze Meer liegt etwa unter $43°$ nördl. Breite, und seine Gezeiten — vorläufig sei nur von der Hauptmondtide M_2 die Rede — stehen (s. Abb. 23, S. 33) unter dem Einflusse einer rechtsherum umlaufenden Flutkraft. In welchem Grade diese sich auswirkt, hängt nach den Darlegungen S. 47 hauptsächlich von der Eigenperiode des Schwarzen Meeres ab. Für die einknotige West-Ost-Schwingung berechnete R. STERNECK eine Dauer von 5 Stunden; für die nord-südliche nahm er ungefähr die Hälfte an, also 2,5 Stunden. Denkt man sich das Schwarze Meer in ganz roher Näherung durch ein rechteckiges Becken ersetzt, so wird dieses (Abb. 46) eine Länge von 1000 und eine Breite von 500 km haben; soll ein rechteckiges Becken von dieser Größe Eigenschwingungen von 5 und 2,5 Stunden Periode haben, so muß es (vgl. Tab. 1, S. 51) 1259 m tief sein, was mit der mittleren Tiefe des Schwarzen Meeres, 1266 m, nahezu übereinstimmt. Im Hinblick auf die im Vergleich zu der Gezeitenperiode von 12,42 Stunden kurze Dauer der Eigenschwingungen wird man erwarten, daß die Gezeiten des Schwarzen Meeres nicht allzu weit von einer Gleichgewichtserscheinung verschieden sind (vgl. S. 47), und daß daher ein Hochwasser die Küste rechtsherum umkreisen wird, und diese Erwartung steht im Einklange mit den spärlichen Ergebnissen der Beobachtung, wie die Abb. 46 und die Tab. S. 74 zeigen.

Aber das Schwarze Meer ist ein breites Gewässer, und der Verlauf der Gezeiten an seiner Küste gibt noch keinen Einblick in das Geschehen auf seiner weiten Fläche. Ebenso unvollständig wäre es, wollte man sich auf einzelne Linien beschränken, wie etwa die Längsachse bei Kanälen und Rinnen. Man muß hier zu einer kartenmäßigen Darstellung greifen und alle Orte miteinander verbinden, die gleichzeitig Hochwasser haben. Auf diese Weise ergeben sich *Flutstundenlinien,* die aussagen, an welchen Punkten um I, II, III, ... Stunden nach dem Durchgange des Mondes (s. S. 18) Hochwasser eintritt (Mondflutintervall, Phase, beim Monde auch

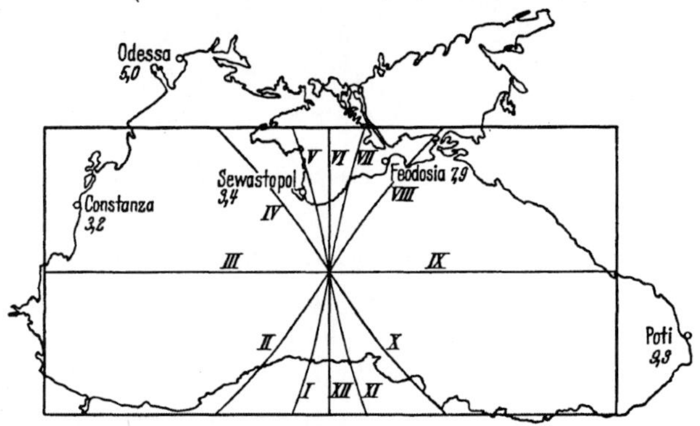

Abb. 46. Gezeiten des Schwarzen Meeres. Nach R. Sterneck. Die Linien mit römischen Ziffern sind Flutstundenlinien, die Ziffern bedeuten Mondstunden.

Hafenzeit genannt; auch wohl Kappazahl, weil sie meistens mit dem griechischen Buchstaben $\varkappa$ bezeichnet wird, vgl. S. 24). Man sieht, wie gut, bis auf geringe Ausnahmen, die beobachteten Hafenzeiten mit denen des angenommenen rechteckigen Beckens übereinstimmen, obwohl dieses doch nur eine ganz grobe Anpassung an die wirklichen Formen des Schwarzen Meeres bedeutet. Eine genauere, weitläufige Durchrechnung, die R. STERNECK unter Berücksichtigung der unregelmäßigen Begrenzung und der Tiefenverhältnisse vornahm, und auf die S. 85 f. noch einmal zurückzukommen ist, ergab eine noch vollständigere Übereinstimmung zwischen Theorie und Beobachtung.

Das in Anbetracht der Kleinheit des Hubs überraschend gute Zutreffen der theoretischen Vorhersagen darf als ein Beweis für die Richtigkeit der Voraussetzungen angesehen werden, die der Theorie zugrunde liegen. Daß dabei die im Gegensatz zu dem übrigen Schwarzen Meere seichte Bucht von Odessa ein wenig aus dem Rahmen fällt und ihre Rückwirkung anscheinend bis Sebastopol ausübt, kann kaum überraschen.

Ort	Hafenzeit		Springtidenhub	
	berechnet Std.	beobachtet Std.	berechnet cm	beobachtet cm
Constanza . .	3,4	3,2	9,0	7,8
Odessa . . .	4,2	5,0	6,0	10,8
Sebastopol. .	4,7	3,4	2,2	1,4
Feodosia . .	7,2	7,9	2,2	2,2
Poti	9,0	9,3	11,2	8,2

Ohne Zweifel dürfte es sich also bei den Gezeiten des Schwarzen Meeres um die Form einer *„Drehtide"* („Amphidromie") handeln, und es ist zu untersuchen, wie in einer solchen die *Wasseroberfläche* und das *Geschwindigkeitsfeld* beschaffen sind. Man kann sich die Betrachtung erleichtern, wenn man sich erinnert, daß ja überhaupt *jede* Bewegung sich darstellen läßt als aus zwei (oder drei) zueinander senkrechten Komponenten zusammengesetzt; man denke z. B. an die in der Abb. 15 dargestellte Kreisbewegung, die in eine auf und ab gehende und in eine hin und her gehende Bewegung aufgespalten wurde. Am einfachsten lassen sich die Verhältnisse übersehen an einem quadratischen Becken, dessen Grenzen — um der Vorstellung einen Halt zu geben — von Norden nach Süden und von Westen nach Osten laufen mögen (Abb. 47). In ihm kreuze sich eine stehende Nordwelle, die von Norden nach Süden schwingt, mit einer ebenfalls stehenden Ostwelle, die aber gegen jene um III Stunden nachhinkt. Angenommen, in einem gewissen Zeitpunkte, z. B. VI Uhr (Abb. 47 a), sei die Nordwelle auf ihrem Höhepunkte (vgl. Abb. 30 a) angekommen, so daß am Nordufer des Beckens Hochwasser ist; die Ostwelle geht gerade durch ihre Ruhelage (Abb. 30 c). Alle Höhenunterschiede rühren in diesem Augenblicke nur von der Nordwelle her, und die Ostwelle ist, wenigstens was den Wasserstand angeht, nicht wahrnehmbar. Umgekehrt verhält es sich drei Stunden später, um IX Uhr

(Abb. 47 d): jetzt geht die Nordwelle durch Null, und die Ostwelle befindet sich in ihrer Höchstphase. Eine Knotenlinie gibt es nicht mehr, denn die Knotenlinie der Nordwelle wird von dem Hub der Ostwelle ergriffen, und umgekehrt; frei von Änderungen des Wasserstandes ist nur der Schnittpunkt beider, und dieser ist der *Knotenpunkt*, um den die Welle sich dreht (Abb. 47). Die auf der Knotenlinie der Ostwelle liegenden Punkte werden nur durch die Nordwelle gehoben und gesenkt; die gestrichelte Linie der Abb. 47 a hat demnach um VI Uhr Hochwasser, während seitlich von ihr das Wasser noch steigen kann. Ebenso hat in Abb. 47 d die dort gestrichelte Linie Hochwasser um IX Uhr. Die Flutstundenlinien für VII und VIII Uhr (Abb. 47 b, c) liegen dazwischen; man erkennt auch leicht die weitere Entwicklung der Drehtide, da Abb. 47 d nichts weiter ist als Abb. 47 a, wenn sie um 90° gedreht wird, und in gleicher Weise vollzieht sich die Schwingung weiter bis um XII und III Uhr. Die Flutstundenlinien gehen daher strahlenförmig von dem Knotenpunkte aus und ergeben, kartenmäßig aufgezeichnet, das

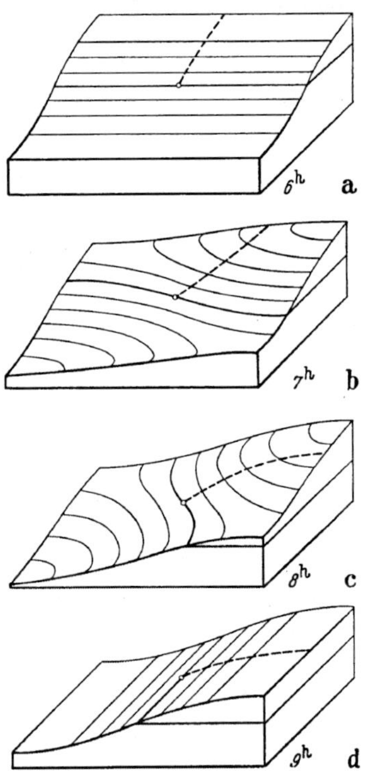

Abb. 47. Entwicklung einer Drehtide in einem quadratischen Becken von Stunde zu Stunde, in schräger Draufsicht dargestellt durch Höhenlinien.

Bild der gestrichelten Linien der Abb. 48. Zugleich ist aus der Abb. 47 zu ersehen, daß der Hub an einem Orte um so größer ist, je weiter dieser vom Knotenpunkte entfernt ist. Setzt man etwa den Hub jeder Teilschwingung = 100, so ist klar, daß in der Mitte des Nordufers (Abb. 47 a), des Ostufers (Abb. 47 d) und entsprechend auch des Süd-

und Westufers der Hub ebenfalls = 100 sein muß, da in der Knotenlinie immer nur eine der beiden Wellen zur Geltung kommt. Am größten wird der Hub in den Ecken sein, aber auch hier nicht einfach = 200; denn wenn z. B. um siebeneinhalb Uhr in der Nordostecke Hochwasser eintritt, stehen beide Wellen nicht in ihrer Höchstphase; die Nordwelle ist im Abnehmen, die Ostwelle im Wachsen begriffen. In der Tat berechnet sich der Hub hier nur auf 141. Die in

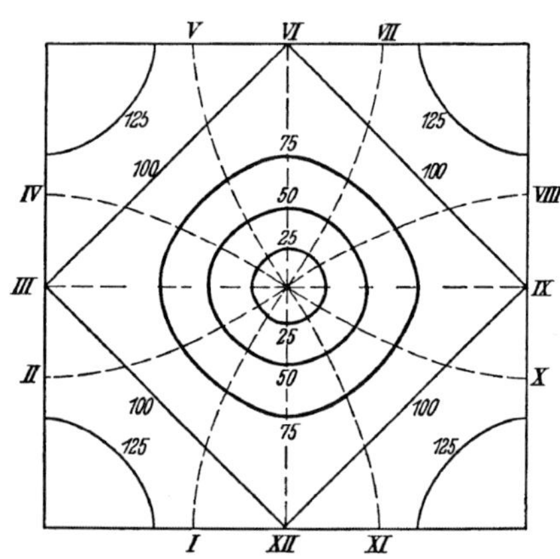

Abb. 48. Zu Abb. 47 gehörige Gezeitenkarte.

Abb. 48 eingezeichneten Linien gleichen Hubs ergeben nun zusammen mit den Flutstundenlinien ein vollständiges, wenn auch nicht unmittelbar anschauliches Bild der Gezeiten des quadratischen Beckens: an jedem Orte ist durch sie Phase und Hub bekannt, und das genügt, wie bereits oben ausgeführt wurde (S. 23 ff.), um die für ihn gültige Tidekurve als Sinuslinie zu zeichnen und aus ihr den Wasserstand zu jedem Zeitpunkte abzulesen. Freilich kann eine solche *Gezeitenkarte* nur Geltung beanspruchen für diejenige Teiltide M_2 oder S_2, K_1 usw., für die sie gezeichnet ist, und man muß daher für die meisten Meeresteile mehrere solcher Gezeitenkarten entwerfen und die nach dem obigen Verfahren berechneten Wasserstände zusammenzählen (vgl. z. B. Abb. 18).

In gleicher Weise wie die Oberflächenform läßt sich das Feld der *Geschwindigkeiten* aus den Feldern der Nord- und der Ostwelle zusammensetzen. Um VI Uhr z. B., zu der Zeit, wo die Nordwelle am höchsten ausschlägt (Abb. 47a), ist sie innerlich stromlos (vgl. Abb. 30a). Dagegen herrscht in der Ostwelle, die gerade durch die Nullage geht (vgl. 30c), die stärkste Bewegung. Allerwärts im quadratischen Becken setzt daher der Strom um diese Zeit nach Osten (Abb. 49a).

Drei Stunden später herrscht überall einheitlicher Südstrom (Abb. 49 d). Dazwischen lassen Abb. 49 b und 49 c erkennen, wie der Strom allmählich aus der Ost- in die Südrichtung übergeht; man wird dabei feststellen, daß die Stromlinien sich dem Umriß des Beckens anzupassen suchen. Versetzt man sich an einen bestimmten Ort, z. B. an den Schnittpunkt der Hublinie 75 (Abb. 48) mit Flutstundenlinie VI, so wird hier der Strom niemals einen Augenblick ganz aufhören und kentern, wie in einem schmalen Kanale, sondern er dreht sich von Ost nach Süd, wobei er sich nur mäßig abschwächt (Abb. 50 a). Man übersieht leicht, daß er nach IX Uhr, an Stärke wieder zunehmend, nach West und dann über Nord (III Uhr) wieder nach Ost drehen wird: *Drehstrom!* Ebenso wie bei hin und her gehenden (alternierendem) Strome in einem Kanale kehrt auch in diesem Falle ein Wasserteilchen nach einer Tideperiode wieder an seinen alten Ort zurück. Würde man sich etwa in ein Boot setzen und sich treiben lassen, so würde man um VI Uhr eine Stunde lang annähernd nach Osten versetzt (Abb. 50 b), dann eine weitere Stunde (mit VII bezeichnet) in ostsüdöstlicher Richtung usw., bis man am Ende der Tide am Ausgangspunkte wieder anlangen würde. Freilich ist die

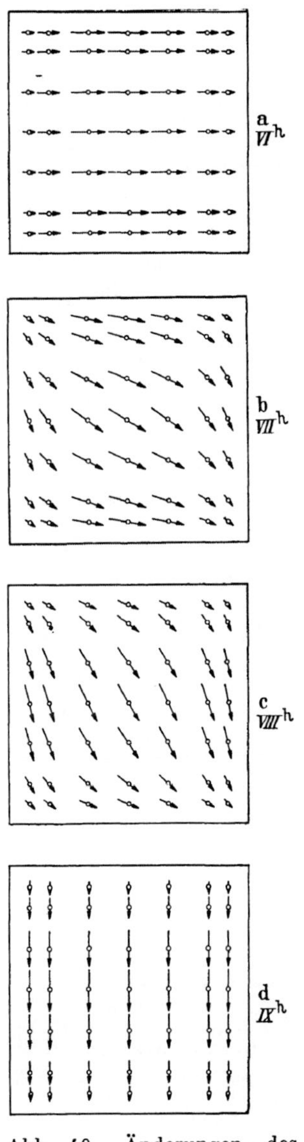

Abb. 49. Änderungen des Stroms in der in Abb. 47 dargestellten Drehtide von Stunde zu Stunde.

Abb. 50b insofern nicht ganz genau, weil ja z. B. der um
VI Uhr beobachtete Strom sich in der nächsten Stunde ein
wenig ändert; man würde daher, strenggenommen, nicht ein
Zwölfeck umfahren, sondern eine Ellipse, die der darüber ab-
gebildeten *Stromellipse* (Abb. 50a) ähnlich ist. Damit aber ist
ein Mittel gefunden, auch die Stromverhältnisse durch eine
Karte darzustellen: Man zeichnet für möglichst viele Orte des
Beckens die zugehörigen Strom-
ellipsen, wie dies in Abb. 51 für
das nordöstliche Viertel des
Beckens geschehen ist; der Pfeil
zeigt jeweils den Strom um
XII Uhr an, und die Punkte auf

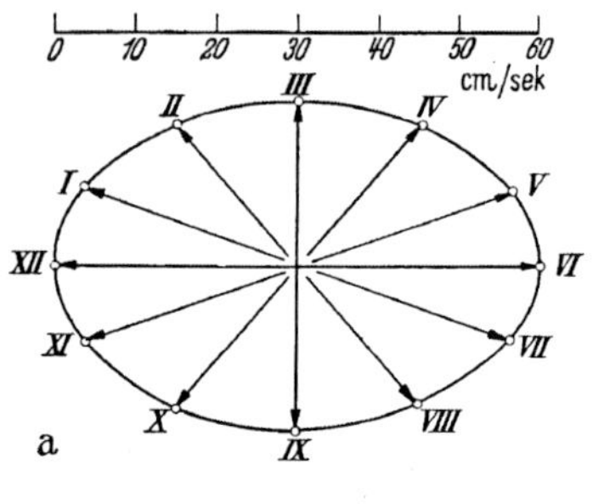

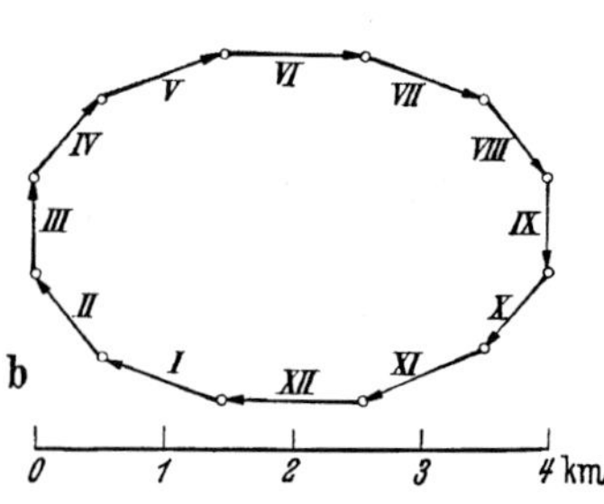

Abb. 50. a) Stromellipse; die Pfeile
bezeichnen Richtung und Stärke
des Gezeitenstroms von Stunde zu
Stunde. b) Bahn eines Wasserteil-
chens in grober Näherung.

Abb. 51. Stromellipsen im nordöst-
lichen Viertel der in Abb. 42 dargestellten Drehtide.

den einzelnen Ellipsen (rechtsherum) geben an, wohin der
Pfeil um VII, VIII, IX ... Uhr zu ziehen ist; dem Zustande der
Abb. 49a würde z. B. ein Pfeil entsprechen, der dem der Abb. 51
gerade entgegengesetzt ist. An den Ufern gehen die Ellipsen
in Strecken über, da hier natürlich nur ein Strom entlang der
Umrandung möglich ist. Auf der Diagonalen verwandeln sich
umgekehrt die Ellipsen in Kreise; es kann demnach vorkommen, daß an einem Orte der Gezeitenstrom, ohne an Stärke
abzunehmen, tagein, tagaus weiter fließt und nur seine Rich-

tung fortgesetzt ändert, oder daß unter dem Einflusse der Gezeitenkräfte die Wasserteilchen unaufhörlich im Kreise herum geführt werden.

Gewiß ist der bisher behandelte Fall nur ein gedachtes Beispiel, und noch dazu ein sehr vereinfachtes; es läßt sich aber leicht einsehen, wie er zu verallgemeinern und auf die natürlichen Verhältnisse zu übertragen ist. Zunächst möge einmal die Nordwelle um VI Uhr nicht am Nordufer, sondern am Südufer Hochwasser haben; offenbar entwickelt sich dann auch eine Drehwelle der geschilderten Art, aber mit dem Unterschiede, daß sie linksherum umläuft. Auch andere Gangunterschiede zwischen den beiden Teilschwingungen ergeben immer wieder eine nach links oder nach rechts umlaufende Drehwelle; nur wenn der Gangunterschied Null wird, bildet sich eine stehende Schwingung in der Diagonalen aus. Ist ferner das Becken unregelmäßig hinsichtlich Umriß und Tiefe, und sind die beiden Teilschwingungen ungleich stark, so können auch die Flutstunden- und Hublinien nicht mehr regelmäßig sein. Aber immer, wenn es sich um zwei einander kreuzende stehende Wellen handelt, und das wird in einem geschlossenen Becken der Fall sein, müssen sich auch ihre Knotenlinien kreuzen, und das Ergebnis wird ein hubfreier Knotenpunkt sein, in den Flutstundenlinien von allen Seiten einmünden, und den die Hublinien in geschlossenen Kurven umgeben müssen, d. i. eine Drehtide.

17. Die Gezeiten der Nordsee (breites Randmeer).

Die Gezeiten der Nordsee (Abb. 52) unterscheiden sich von denen des Schwarzen Meeres nicht nur durch ihr ganz erheblich größeres Ausmaß — erreichen sie doch in dem auf der Karte dargestellten Gebiete (im Washbusen) einen Hub von nicht weniger als sieben Metern, sondern auch grundsätzlich in ihrer Anordnung: Im nördlichen Teile erscheinen sie fast als eine fortschreitende Welle, wenn sie auch freilich an der englischen Seite viel schneller wandern als an der norwegischen; auch ist der Hub hier mit 25 cm und weniger fast unmerklich, auf der englischen Seite dagegen überall recht groß.

Eine Drehtide, wie im Schwarzen Meere, entwickelt sich nur
in der südlichen Nordsee, aber sie läuft nicht rechts-, wie dort,
sondern linksherum. Das muß um so mehr auffallen, als die

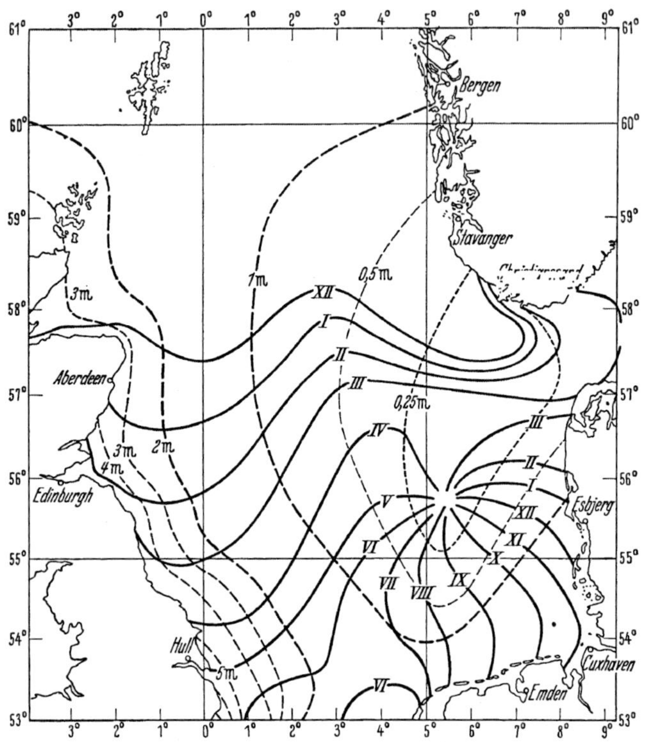

Abb. 52. Gezeitenkarte der Nordsee (nach A. Merz mit einigen Änderungen).
— Die mit Stundenziffern (Mondstunden) bezeichneten „Flutstundenlinien"
geben an, um wieviel später im Durchschnitt Hochwasser eintritt, als der
Mond durch den Meridian von Greenwich geht (Mondkulmination, „Mondmittag" [vgl. S. 18]). Die Zahlen an den anderen Linien bedeuten den
mittleren Sprintidenhub in Metern. (Die Karte vereinigt die Flutstundenlinien der M_2 mit den Hublinien der $M_2 + S_2$, ist also nicht für eine genaue
Berechnung des Wasserstandes brauchbar, sondern dient zur Erkenntnis des
Wesens der Nordseegezeiten.)

Gezeitenkraft (Abb. 23, S. 33) rechtsläufig ist. Endlich liegt
der Knotenpunkt der Drehtide nicht in der Mitte der südlichen
Nordsee, sondern in ihrer östlichen Hälfte. Angesichts aller
dieser Abweichungen erhebt sich vielleicht der Einwand, ob

denn die Gezeitenkarte selbst hinreichend fest begründet sei, um alle diese Wesenszüge als Tatsache ansehen zu können, zumal oben (S. 14) ja darauf hingewiesen wurde, daß die Mittel zur Messung von Ebbe und Flut auf freiem Meere noch sehr beschränkt und deshalb Beobachtungen der Gezeiten außerhalb der Küsten spärlich sind. Freilich kennt man Zeit und Höhe des Hoch- und Niedrigwassers nur an der Küste, und es wäre unmöglich, die Verbindungslinien gleicher Hochwasserzeiten und gleichen Hubs quer über die offene See hinweg auch nur mit einiger Sicherheit zu ziehen, wenn man nicht von ziemlich vielen Punkten der Nordsee Strombeobachtungen besäße. Die Mathematik zeigt, daß diese Grundlagen: Flut und Ebbe an der Küste, dazu Gezeitenstrom auf offener See, zur Zeichnung einer Gezeitenkarte genügen, und sie gibt dafür sogar zwei verschiedene Verfahren an. Das eine beruht darauf, das Gebiet der Nordsee in lauter kleine Bezirke einzuteilen und in jedem auf Grund der Stromkarte festzustellen, wie groß innerhalb einer bestimmten Zeit etwa der Überschuß des einströmenden Wassers über das ausströmende (oder umgekehrt) ist; daraus ergibt sich das Steigen (oder Fallen) während des fraglichen Zeitraums. Das andere setzt das Gefälle des Wasserspiegels in Beziehung zu der dadurch bewirkten und aus der Beobachtung bekannten Zu- oder Abnahme der Geschwindigkeit. Beide Verfahren haben, obwohl von verschiedenen Forschern (unabhängig voneinander) eingeschlagen, doch übereinstimmend zu den obigen Ergebnissen geführt. Allerdings mag sich bei wachsender Erforschung in den Einzelheiten noch manches ändern, aber die erwähnten Grundzüge dürften gesichert sein: im Norden eine Art fortschreitender Welle, deren Hub und Wandergeschwindigkeit im Westen groß, im Osten aber klein ist; im Süden eine nach der Ostseite verschobene linksläufige Drehtide. Es ist klar, daß besonders die letztere den fluterzeugenden Kräften geradezu widerspricht und daher nicht unmittelbar auf sie zurückgeführt werden kann. Die Nordseegezeiten können daher keine selbständigen, sondern sie müssen ganz überwiegend Mitschwingungsgezeiten sein. Ist dies aber der Fall, so erhebt sich die Frage, wie aus einer aus dem Atlantischen Ozean in

die Nordsee eindringenden Welle eine linksläufige Drehtide
werden kann. Die Frage verschärft sich, da ein Blick auf die
anderen Randmeere des Atlantischen Ozeans zeigt, daß die
linksläufigen Drehtiden, zumindest auf der Nordhalbkugel,
durchaus die Regel bilden. Man wird daher nach einer auf
der ganzen Nordhalbkugel wirksamen Ursache zu suchen
haben, und eine solche ist in der Tat vorhanden in der
Achsendrehung der Erde.

Foucaults Pendelversuch. Dem Menschen unserer Tage er-
geht es seltsam mit der Drehung der Erde um ihre Achse.
Es gibt wohl niemanden, der daran zweifelt, daß die tägliche
Bewegung der Sonne und der Sterne, ihr Auf- und Untergang
nur „scheinbar" ist, und daß vielmehr die Erde sich um ihre
Achse dreht, und es erscheint der heutigen Zeit höchstens
verwunderlich, daß diese Anschauung sich erst nach dem
Tode des KOPERNIKUS allgemein durchsetzen konnte, während
sogar auch die geistig bedeutenden Völker des Altertums und
des Mittelalters, von wenigen Ausnahmen abgesehen, die Erde
als fest betrachteten. Aber diese Verwunderung ist unberech-
tigt; noch KOPERNIKUS konnte nur Wahrscheinlichkeits-
gründe für seine Lehre anführen, und erst spät ist es gelungen, die physikalischen Wirkungen der Erdumdrehung nach-
zuweisen[1]. Das geschah wohl am eindringlichsten um die
Mitte des vorigen Jahrhunderts durch den von FOUCAULT an-
gestellten Pendelversuch, der seitdem zahllose Male wiederholt
und ein Glanzstück physikalischer Experimentierkunst geworden ist. Der Grundgedanke ist sehr einfach: Man läßt ein ge-
wöhnliches Pendel unter Ausschaltung jeglicher Störung längere Zeit schwingen; allerdings muß man Vorsicht walten
lassen, um Störungen wirklich fernzuhalten. Man darf z. B.
das Pendel nicht an einem sich drillenden Faden, sondern
man muß es an einem Drahte aufhängen und zugleich dafür
sorgen, daß die Aufhängevorrichtung dem Pendel nach allen
Seiten gleich viel Freiheit läßt; man pflegt ferner einen
schweren Pendelkörper zu verwenden, damit die Schwingun-

---

[1] Die Fliehkraft, an die man zunächst denkt, ist außerordentlich schwach,
und außerdem sind ihre Wirkungen zum großen Teile durch die Abplattung
der Erde aufgehoben. Näheres darüber s. Anhang II.

gen ohne ferneren Anstoß lange genug anhalten; damit endlich das Pendel beim Loslassen keinen noch so kleinen seitlichen Stoß erhält, zieht man es vorsichtig zur Seite, bindet es in dieser Lage mit einem Faden an einem Pfosten fest und wartet, bis es sich vollständig beruhigt hat; dann brennt man den Faden mit einer Flamme durch. Hat man alle Vorsichtsmaßregeln beachtet, so findet man, daß die Schwingungsrichtung des Pendels (genauer: seine Schwingungsebene) sich langsam immer weiter rechtsherum dreht (auf der Nordhalbkugel); nach Verlauf einiger Stunden wird es quer zu seiner ursprünglichen Richtung schwingen usw.

Die Erklärung des Versuchs lautet einfach: Nicht die Schwingungsrichtung dreht sich, sondern die ganze Umgebung, also die Erde. Daß in der Tat die Schwingungsrichtung eines Pendels ihre Lage im Raume beizubehalten strebt, davon kann man sich leicht überzeugen, wenn man etwa die

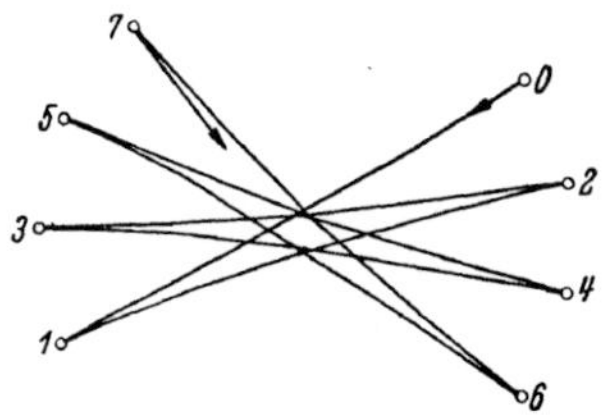

Abb. 53. Spur eines Pendels über einer sich drehenden Ebene.

Vorrichtung der Abb. 16, S. 22 auf eine Drehscheibe setzt, nachdem man zuvor das Pendel in der oben beschriebenen Weise zur Seite gezogen und befestigt hat. Natürlich muß man das Papier vorher festheften; läßt man jetzt das Pendel los, so beschreibt es die Sternfigur der Abb. 53 in der dort angegebenen Reihenfolge der Ziffern; doch liegt dies nur daran, daß der Tisch mit dem Papier sich dreht. Von einem festen Standpunkte im Zimmer gesehen, behält das Pendel seine Schwingungsrichtung, wenigstens für kurze Zeit, bei: Darin spricht sich die Trägheit des Pendels aus, und so ist in der Tat der FOUCAULTsche Pendelversuch ein augenfälliger Beweis für die Drehung der Erde um ihre Achse. Befände man sich also am Nordpole, so müßte sich die Schwingungsrichtung in einem Tage gerade um 360° drehen.

Für einen beliebigen Ort C in anderer geographischer Breite liegt die Sache ein wenig verwickelter; auch hier dreht sich der Horizont, jedoch nicht so viel wie am Pole. Man kann sich nämlich die Lage des Horizontes, der dem Menschen als Ebene erscheint, vergegenwärtigen, indem man etwa ein Scheibchen Karton auf einen Globus so aufklebt, daß es ihn in C berührt. Auf dem Scheibchen ziehe man eine Gerade in der Nordrichtung; sie wird den Längenkreis durch C berühren und, wenn man sie weit genug verlängert, die Erdachse oberhalb des Nordpols schneiden (Abb. 54). Gelangt nun etwa der Ort C durch die Erdumdrehung in einer gewissen Zeit nach C', so bildet die neue Nordrichtung mit der früheren einen Winkel, dessen Scheitelpunkt auf der Verlängerung der Erdachse liegt.

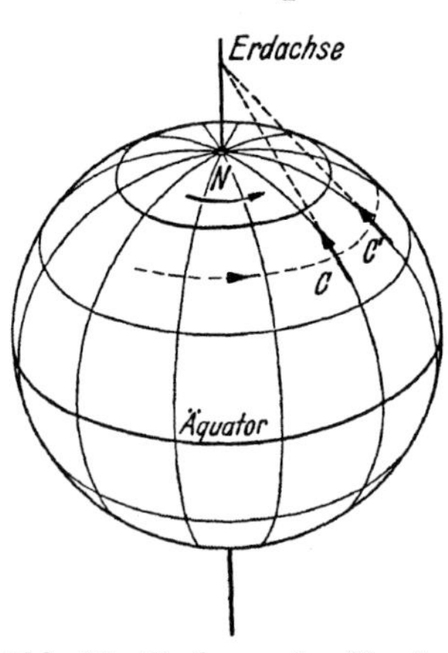

Abb. 54. Drehung der Nordrichtung an einem beliebigen Punkte infolge der Achsendrehung der Erde.

Man sieht leicht ein, daß dieser Drehwinkel kleiner ist als der Winkel, unter dem sich die beiden zugehörigen Längenkreise im Nordpole schneiden. Dies läßt sich z. B. auch so einsehen: Man denke sich alle Nordrichtungen während einer vollen Erdumdrehung gezogen; sie bilden einen Kegel, der die Erde nach Art eines Spitzzeltes längs des durch C gehenden Breitenkreises berührt. Beim Auseinanderfalten eines Spitzzeltes aber ergibt sich bekanntlich kein voller Kreis, der einem Winkel von 360° entspräche, sondern ein Kreis mit fehlendem Ausschnitt, also mit einem kleineren Winkel. Je näher der Ort C dem Äquator liegt, desto spitzer wird der Winkel sein, unter dem sich die beiden Geraden der Abb. 54 schneiden; die Drehung des Horizontes linksherum wird somit bei abnehmender geographischer Breite immer geringer, und am Äquator selbst verschwindet sie gänzlich. Allerdings wird der Horizont durch die Drehung der Erde nicht nur in sich gedreht, sondern auch fortgesetzt gekippt; doch bleibt die Kippung ohne Einfluß auf die hier zu betrachtenden Schwingungen.

Die Ablenkungskraft[1]. Noch einmal zurück zu den einfachen Verhältnissen am Pole! Ein über diesem schwebender,

---

[1] Eine eingehendere Darstellung gibt der Anhang II.

84

seinen Standpunkt im Weltraume, genauer gesagt: im Fixsternsystem, nicht ändernder Beobachter nimmt ein Pendel wahr, das immer in gleicher Richtung schwingt. Ein irdischer Beobachter dagegen, der von der Bewegung der Erde nichts merkt und die Bewegung des Pendels auf seine Umgebung als festen Standort bezieht, muß notgedrungen zu der Meinung kommen, daß es eine Kraft gibt, die jede Bewegungsrichtung nach rechts abzulenken sucht (am Südpole nach links). Der Physiker hat also die Wahl: Entweder er bezieht die Bewegungen auf einen festen Standpunkt außerhalb der Erde; dann kommt er zu ihrer Erklärung mit den vorgegebenen treibenden Kräften aus. Oder er bezieht sie auf die Erde; dann muß er den Fehler, den er durch das Nichtberücksichtigen der Erdumdrehung begeht, wieder ausgleichen, indem er eine beständig nach rechts wirkende Ablenkungskraft einführt (sog. CORIOLIS-Kraft). Beide Auffassungen sind gleichberechtigt und „richtig". Für eine Untersuchung der Bewegungen der Luft- und Erdhülle ist aber die zweite weit einfacher und deshalb vorzuziehen. Sollte der Leser daran Anstoß nehmen, daß eine Kraft eingeführt wird, die nicht durch die Bewegung des betrachteten Körpers, sondern durch die des Beschauers gegeben ist, so mag er nochmals auf den Anhang II verwiesen sein.

Es ist übrigens keineswegs unmöglich, sich durch den Versuch von dem Vorhandensein der CORIOLIS-Kraft zu überzeugen. L. PRANDTL läßt den Beobachter in einer drehbaren Kabine Platz nehmen, und R. W. POHL erreicht Ähnliches mit einem in Drehung versetzten Stuhl. Die Erfahrungen bei Bewegungen der Arme, beim Greifen nach Gegenständen usw. sind in diesem „Lebensraume" für den Unerfahrenen auf das höchste verblüffend, und es gehört eine längere Übung dazu, um mit der CORIOLIS-Kraft vertraut zu werden.

Vor der Behandlung der Nordseegezeiten mögen als einfacherer Fall die Gezeiten des Schwarzen Meeres noch einmal unter dem Gesichtspunkte der Erdumdrehung erörtert werden. Man schalte einmal einen Augenblick die Nordwelle ganz aus und betrachte nur die Ost-West-Welle, deren Hochwasser am Ostufer um IX Uhr stattfindet (Abb. 46, S. 73). In die-

sem Zeitpunkte ist das Becken ohne Bewegung (vgl. Abb. 30 a
oder 30 e, S. 50). Dann aber beginnt das Wasser zuerst langsam, dann immer stärker nach Westen zu strömen; es erreicht
seine größte Geschwindigkeit drei Stunden später, um
XII Uhr, und unter allen Teilen des Beckens ist wiederum in
der Knotenlinie der Strom am stärksten, d. i. in der Linie XII
bis VI der Abb. 46. Welche Wirkung muß nun die Ablenkungskraft haben? Sie drängt überall die Strömung nach
rechts, also nach Norden, und zwar am meisten dort, wo der
Strom seine größte Stärke hat. Die Folge muß sein, daß der
Wasserspiegel um XII Uhr nicht waagerecht ist, wie er in
Abwesenheit der Nordwelle sein müßte, sondern daß das Wasser sich gegen das Nordufer staut, und daß dort in dem
Punkte, wo die VI-Uhr-Linie endet, Hochwasser eintritt, sofern das Wasser der Ablenkungskraft schnell genug folgt. Um
III Uhr wird am Westufer Hochwasser sein, und um VI Uhr
staut die Ablenkungskraft das Wasser gegen das Südufer, das
jetzt auf der rechten Seite des Stroms liegt. Wäre daher auch
nur die Ostwelle vorhanden, so ergäbe sich trotzdem eine
Drehtide, und zwar eine linksläufige, infolge der Ablenkungskraft. Dasselbe aber trifft zu für die Nordwelle. Sie hat Hochwasser am Nordufer um VI Uhr; um IX Uhr herrscht stärkster Strom nach Süden, und die Ablenkungskraft drängt das
Wasser gegen seine rechte Seite, d. i. das Westufer usw. Wie
also auch die Schwingung verlaufen mag, die Erdumdrehung
wird immer dahin streben, sie in eine Linksdrehtide umzu-
wandeln. Daß die beobachteten Gezeiten des Schwarzen Meeres gleichwohl den Verlauf einer Rechtsdrehtide haben, beweist daher, daß die rechtsläufige Gezeitenkraft hier stärker
ist als die Wirkung der Erdumdrehung. — Man könnte einwenden, daß nach dem Gesagten ja auch die Gezeiten eines
jeden Kanals linksläufige Drehtiden sein müßten. Das ist
grundsätzlich richtig; aber es liegt auf der Hand, daß ein von
der Ablenkungskraft erzeugtes Quergefälle sich um so weniger
bemerkbar machen kann, je schmaler der Kanal ist. Darum
war es beim Roten Meere, beim Meerbusen von Suez und bei
der Unterweser nicht nötig, die Erdumdrehung in Betracht zu
ziehen. Im Schwarzen Meere steigt ihre Wirkung auf fast ein

Viertel derjenigen der Gezeitenkraft; STERNECK hat sie daher in den auf S. 56 mitgeteilten Zahlen berücksichtigt. In der Nordsee aber sind, wie oben ausgeführt, die unmittelbaren Wirkungen der fluterzeugenden Kraft gering gegenüber der vom Ozean her eindringenden Schwingung, und man wird daher einen entscheidenden Einfluß der Ablenkungskraft erwarten dürfen. A. MERZ, dem es gelang, die Nordseegezeiten auf einfache Weise zu erklären, ging daher aus von einer von Norden her kommenden Wanderwelle, die durch die Ablenkungskraft und durch die bei der geringen Tiefe der Nordsee nicht unbeträchtliche Reibung umgeformt wird, und es ist daher notwendig, zunächst die Umgestaltung einer fortschreitenden Welle durch die Erdumdrehung kennenzulernen.

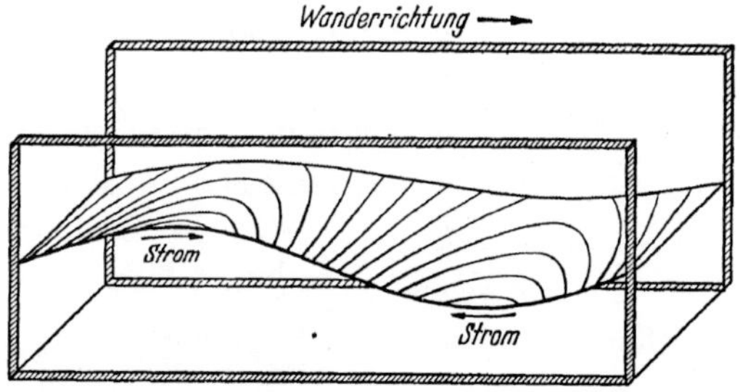

Abb. 55. Fortschreitende Welle in einem Kanal unter der Einwirkung der Erdumdrehung (Kelvinwelle), Nordhalbkugel.

Die Kelvinwelle. In einem beiderseits offenen Kanale wandere eine fortschreitende Welle (Abb. 55) von links nach rechts. Welche Veränderungen erleidet sie durch die Erdumdrehung? Nach den Untersuchungen von Lord KELVIN bildet sich sowohl im Wellenkamm wie im Tal ein Quergefälle aus. Im Kamme bewegen sich die Wasserteilchen in der Wanderrichtung (vgl. Abb. 34, S. 56), also in der Abb. 55 nach rechts; dabei werden sie nach rechts, also gegen die vordere Kanalwand, gedrängt, und der Kamm erhöht sich auf dieser Seite. Im Tale dagegen geht der Strom der Wanderrichtung entgegen, d. i. nach links, und das Wasser staut sich gegen die Rückwand; hier erniedrigt sich das Wellental, während es sich auf der Vorderseite zum Ausgleiche vertieft. Die Gesamtwirkung besteht also darin, daß, in der Wanderrich-

tung gesehen, die Wellenhöhe auf der rechten Seite größer ist
als auf der linken; Kamm und Tal liegen entgegengesetzt
schief. Ein Beobachter dagegen, der die Welle auf sich zukommen sieht, erblickt einen von links nach rechts abfallen-
den Wellenkamm *AB* (Abb. 56) und später ein nach rechts
ansteigendes Wellental *EF*. In dieser Lage wäre etwa jemand,
der von einer der ostfriesischen Inseln aus die Flutwelle bis
nach Schottland hinauf übersehen könnte, soweit es erlaubt
ist, die Nordsee mit einem im Norden offenen und im Süden
geschlossenen rechteckigen Kanal zu vergleichen. Am Südufer wird die Welle zurückgeworfen, und damit kehrt sich die
Schrägheit des nunmehr vom Beschauer forteilenden Kammes

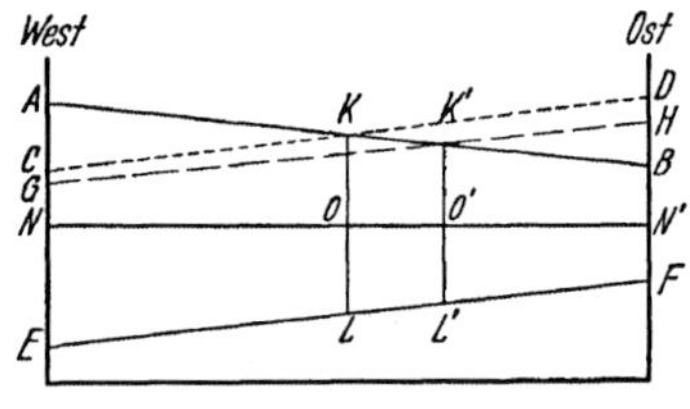

Abb. 56. Erklärung der Nordseegezeiten. Nach A. Merz.

um (*CD*, Abb. 56). Hierzu
ist natürlich erforderlich, daß
eine gewisse Menge Wasser
von der Westseite nach der
Ostseite übertritt, und es ist
leicht einzusehen, daß eine
Kelvin-Welle nur dann ohne
Beeinträchtigung zurückgeworfen wird, wenn der Kanal
eine gewisse Breite nicht überschreitet. Der zurückgeworfene Wellenberg *CD* wird nach einiger Zeit dem Wellentale *EF* begegnen, das noch auf dem Wege nach Süden hin
begriffen ist; ohne das Eingreifen der Erdumdrehung würden sie sich hier gegenseitig aufheben (vgl. Abb. 35, S. 59),
und es würde an dieser Stelle eine Knotenlinie quer durch
den Kanal entstehen. Die Ablenkungskraft jedoch bewirkt,
daß sie sich nur in der Mitte gegenseitig vernichten, denn nur
hier ist $OK = OL$; im Westen überwiegt das Tal, im Osten
der Berg. Wie S. 59 ausgeführt wurde, gleichen sich die
beiden entgegengesetzt wandernden Wellen an diesem Punkte
auch in jedem anderen Augenblicke aus, so daß hier ein Knotenpunkt entsteht, der von einer Drehwelle umkreist wird.
Eine zweite Drehwelle muß sich weiter nördlich noch einmal
ausbilden, nämlich dort, wo der zurückgeworfene und nach
Norden wandernde Wellenberg dem nächsten ankommenden
Wellentale begegnet. Zwischen diesen beiden Knotenpunkten

sollte ein Schwingungsbauch dort vorhanden sein, wo der Wellenberg einem anderen begegnet.

Nun werde angenommen, der Wellenberg erniedrige sich fortgesetzt durch die Reibung. Seine Kammlinie wird dann dort, wo er einem ankommenden Wellentale zum ersten Male begegnet, etwa GH sein, und es leuchtet ein, daß jetzt der Punkt, in dem sie sich ausgleichen, nicht mehr in der Mitte, sondern weiter rechts liegt, etwa in O' (wo $O'K' = O'L'$ ist). Der Knotenpunkt der Drehtide verschiebt sich somit nach Osten. Bei der zweiten Begegnung, bei welcher der noch stärker abgeschwächte Wellenberg auf ein noch nicht so stark von der Reibung angegriffenes, also verhältnismäßig tiefes Wellental trifft, liegt der Ausgleichspunkt noch weiter östlich, sofern überhaupt noch ein Ausgleich zustande kommt. Noch weiter nördlich ist die zurückgeworfene Welle so schwach, daß sie die ihr begegnende von Norden her fortschreitende Welle nicht mehr ändert (vgl. auch Abb. 40, S. 65). Damit sind die hauptsächlichen Wesenszüge der Nordseegezeiten erklärt: Im Süden die nach der Ostseite verschobene Drehtide; im Norden der große Tidenhub an der schottischen gegenüber dem kleineren an der norwegischen Küste; dazu das Vorwiegen der fortschreitenden Welle, besonders an der schottischen Küste, da die zurückgeworfene Welle hier fast unmerklich wird; und endlich das langsame Fortschreiten der Welle an der norwegischen gegenüber dem schnelleren an der schottischen Küste als letzte Auswirkung einer nicht ganz zustande gekommenen Drehtide, in deren weiter rechts gelegenen Knotenpunkte sich die Flutstundenlinien zu vereinigen suchen würden.

Die wichtigsten Grundzüge der Nordseegezeiten entstammen also einer vom Atlantischen Ozean zwischen Schottland und Norwegen her kommenden Gezeitenwelle, die durch die Erdumdrehung und die Reibung umgestaltet wird. Die selbständigen Gezeiten sowie die aus dem Englischen Kanale kommende und in das Skagerrak abwandernde Welle spielen dagegen nur eine Nebenrolle. Hinsichtlich der selbständigen Gezeiten besteht vielleicht eine gewisse Ähnlichkeit mit der nicht viel kleineren und im Durchschnitt weniger tiefen Ostsee, deren Gezeiten ganz geringfügig sind (S. 45) und noch dazu zum Teil auf den vom Kattegat her eindringenden Schwingungen beruhen. Was ferner die Kanalwelle anlangt, so ist der Querschnitt der Straße von Dover zu klein, um die an sich kräftigen Tiden des Kanals zu weitergreifenden Wirkungen kommen zu lassen; ihr Einfluß dürfte etwa auf die Bucht zwischen Holland und England begrenzt sein. Die Öffnung des Skagerraks endlich verhindert, daß sich zwischen den beiden besprochenen Knotengebieten ein Schwingungsbauch bildet, da das etwa sich aufstauende Wasser seitlich entweichen kann.

18. Die Gezeiten des Atlantischen Ozeans.

Ebensowenig wie von der offenen Nordsee besitzt man Beobachtungen über das Steigen und Fallen des Wassers aus dem Bereiche des offenen Atlantischen Ozeans, von den übrigen Ozeanen gar nicht zu reden. Ja, wenn vielleicht auch zu hoffen ist, daß die Erfindung von Hochseepegeln für die Flachsee mit der Zeit Abhilfe schaffen wird, so ist vorderhand keine Aussicht, Schwankungen des Wasserstandes und damit der Wassertiefe von vielleicht einem oder zwei Metern festzustellen in einem viele tausend Meter tiefen Meere. Aber auch an Strommessungen, die in der Nordsee einen gewissen Ersatz schufen, gebricht es auf dem Ozean in hohem Grade. Das ist leicht erklärlich. Denn es ist schon nicht leicht, ein Schiff auf der Tiefsee zu verankern; soll der Anker halten, so darf die Kette nicht senkrecht, sondern sie muß schräg nach oben führen, und damit erhält das Schiff die Freiheit, sich im Spiele von Strom und Wind ein wenig hin und her zu bewegen. Dabei schleppt es das ausgebrachte Meßinstrument durch das Wasser und verfälscht dessen Stromangaben. Es gehört, wie A. DEFANT an einer Reihe Strommessungen des deutschen Forschungs- und Vermessungsschiffs „Meteor" im Atlantischen Ozean zeigte, ein erheblicher Rechenaufwand dazu, um die Beobachtungsergebnisse von diesen Fehlern zu reinigen und den wahren Strom mit einiger Wahrscheinlichkeit herauszuarbeiten. Aber auch dann noch besteht ein

Nachteil gegenüber der Nordsee; denn in dieser hat man es mit starken Gezeitenströmen gegenüber geringen dazutretenden dauernden Strömungen zu tun, im Ozean jedoch spielen die vom Winde und anderen Ursachen erregten Dauerströmungen die Hauptrolle, während die Gezeitenströme sehr schwach sind und z. B. an den Meßstellen des „Meteor" selten 10 cm/sec überschritten. Es ist daher verständlich, daß die

Nordsee.

Ort	Geographische		Amplituden, cm				Eintagszahl
	Breite	Länge	M_2	S_2	K_1	O	%
Helder . . .	52° 28′ N	4° 34′ O	52,9	15,2	5,5	7,6	19
Bremerhaven.	53° 34′ N	8° 34′ O	145,6	36,1	6,7	8,4	8
Frederikshavn	57° 27′ N	10° 33′ O	12,2	3,4	0,8	2,6	22
Stavanger . .	58° 59′ N	5° 44′ O	14,6	6,6	1,5	1,6	15
Bergen(Norw.)	60° 24′ N	5° 18′ O	44,0	15,8	3,3	3,0	10
Edinburg . .	55° 59′ N	3° 10′ W	181,0	61,1	9,6	19,0	12

Dagegen:

Ostsee.

Ort	Geographische		Amplituden, cm				Formzahl
	Breite	Länge	M_2	S_2	K_1	O	%
Björn (Bottn. Mb.)	60° 38′ N	17° 58′ O	6,8	4,3	6,0	5,5	103
Landsort (s. Stockh.)	58° 44′ N	17° 52′ O	8,6	3,0	7,4	4,9	106
Hangö	59° 49′ N	22° 58′ O	6,8	12,5	13,1	4,7	108
Ratan (Bottn. Mb.	64° 0′ N	20° 53′ O	2,5	1,6	13,8	11,1	610
Gjedser . . .etwa	54° 34′ N	11° 55′ O	1,6	1,8	3,6	0,8	77
Kopenhagen . . .	55° 42′ N	12° 35′ O	6,0	2,7	11,5	2,1	156

bisher noch wenig zahlreichen Messungen der Gezeitenströme des Atlantischen Ozeans keine sichere Kenntnis seiner Gezeiten vermitteln konnten; das wenige, was man darüber in nebelhaften Umrissen weiß, beruht auf anderen Grundlagen.

Einen ersten Anhalt gewährt u. a. ein vergleichender Überblick der Gezeitenformen: Halbtags-, Eintags-, gemischte Gezeiten in den verschiedenen Gewässern (vgl. Abb. 17, S. 23); um diese Bezeichnungen gegeneinander abzugrenzen, verfährt man so: Man addiert die Amplituden der beiden wichtigsten Halbtagstiden M_2 und S_2 und erhält so den halben Springtidenhub $M_2 + S_2$; ebenso bildet man aus den Amplituden der

wichtigsten Eintagstiden K_1 und O die Summe $K_1 + O$; das
Verhältnis beider Werte, $(K_1 + O) : (M_2 + S_2)$, gewöhnlich in
Prozenten ausgedrückt, bezeichnet man als „Eintagsindex"
oder „Eintagszahl"; beträgt sie unter 25%, so spricht man
von Halbtagsgezeiten; beträgt sie mehr als 125%, so handelt
es sich um Eintagstiden, während die dazwischenliegenden
Eintagszahlen gemischte Tiden kennzeichnen. Wie klar sich
Gewässer durch die Form ihrer Tiden unterscheiden, zeigt
z. B. die Gegenüberstellung der Nord- und Ostsee (S. 91):

Während die Gezeiten der aufgeführten Nordseehäfen,
denen sich leicht weitere anreihen ließen, zwar an Größe
recht verschieden sind, aber alle die Form der Halbtagstiden
haben, herrscht in der Ostsee die gemischte Form vor. Daraus geht hervor, daß die Gezeiten der Ostsee von denen der
Nordsee ziemlich unabhängig sind.

Im vorigen Abschnitte ergab sich, daß die Gezeiten der
Nordsee ganz überwiegend einer vom Atlantischen Ozean aus
eindringenden Welle zuzuschreiben sind; rückschließend wird
man daher vermuten, daß auch im Atlantischen Ozean die
Halbtagsform vorherrscht, was sich leicht bestätigen läßt:

| Ort | Geographische | | Amplituden, cm | | | | Form-zahl |
	Breite	Länge	M_2	S_2	K_1	O	%
Jan Mayen	71° 0′ N	8° 28′ W	40,3	13,1	3,2	6,0	17
Halifax	44° 39′ N	63° 35′ W	63,7	14,2	10,2	4,6	19
New York (Sandyhook)	40° 27′ N	74° 0′ W	67,7	13,0	10,2	5,2	19
Rio de Janeiro . . .	22° 54′ S	43° 10′ W	32,6	17,2	6,4	11,1	35
Bahia Blanca	38° 53′ S	62° 6′ W	144,1	23,5	20,7	15,1	21
Brest	48° 23′ N	4° 29′ W	206,3	75,3	6,3	6,8	5
Duala (Kamerun) . .	4° 3′ N	9° 40′ O	74,7	24,7	15,7	2,3	18
Kapstadt	33° 54′ S	18° 25′ O	48,8	20,5	5,4	1,6	10

Diese kleine Auswahl mag genügen, um den Atlantischen
Ozean bis auf die südamerikanische Küste als das Weltmeer
der Halbtagstiden zu kennzeichnen. Ausnahmen erklären sich
leicht durch die Rückwirkung von Nebenmeeren; z. B. machen
sich auf den Bahamas die Wirkungen der Eintagstiden des
amerikanischen Mittelmeers (Galveston im Meerbusen von
Mexiko hat z. B. die Formzahl 204%) noch fühlbar in der
Formzahl 34%. Auf der anderen Seite hat z. B. Marseille

im Mittelländischen Meere die Formzahl 58%, aber bereits Gibraltar weist mit nur 8% keinen Einfluß des Mittelmeeres mehr auf. Die große Einheitlichkeit der atlantischen Gezeiten tritt besonders hervor bei einem Vergleiche mit den anderen Ozeanen. Um nur ganz wenige Formzahlen zu nennen, stehen sich im Indischen Ozean Bombay mit 36%, Aden mit 88%, Kalkutta mit 12% und Fremantle (Westküste Australiens) mit 335% gegenüber. Ebenso verschieden erweisen sich die Teile des Stillen Ozeans, z. B. Vancouver (Westküste Nordamerikas) mit 211%, Balboa (Panamakanal) mit 7%, Valparaiso mit 44%, Dutch Harbour (Aleuten) mit 191%, Jokohama mit 65%, Do Son (Meerbusen von Tongking) mit 2034%, Finschhafen (Neuguinea) mit 33%. Die uns aus den heimatlichen Gewässern vertraute Erscheinungsform der zweimaligen täglichen Flut und Ebbe herrscht also keineswegs so allgemein vor, wie mancher glaubt, und man kann sich denken, wie überrascht die Seefahrer des Entdeckerzeitalters gewesen sein mögen, als sie z. B. im Meerbusen von Tongking kräftigen Gezeiten von fast drei Metern Hub, aber nur einem einmaligen Hoch- und Niedrigwasser am Tage begegneten.

Steht so der einheitliche Grundzug der atlantischen Gezeiten gegenüber denen der anderen Ozeane außer Zweifel, so haben sie im einzelnen der Forschung bisher noch große, bis heute nur zum geringen Teile überwundene Schwierigkeiten geboten. Einen ersten Schritt tat R. STERNECK, indem er davon Gebrauch machte, daß sich jede Schwingung als aus zwei um eine Viertelperiode gegeneinander verschobenen stehenden Wellen zusammengesetzt auffassen läßt (vgl. S. 60), und es gelang ihm, die in den Häfen des Atlantischen Ozeans gemachten Springtidebeobachtungen in eine Karte der Flutstundenlinien einzuordnen (Abb. 57). Freilich können diese nur den Anspruch erheben, an der Küste richtig zu sein; ihren Verlauf quer über den Ozean hinüber mußte STERNECK notgedrungen schematisieren. Doch dürfte immerhin der Nordatlantische Ozean von drei linksläufigen Drehwellen beherrscht werden, mögen sie auch vielleicht eine etwas andere Lage haben, während die Südhälfte mehr das Bild einer fortschreitenden Welle bietet. Hier drängt sich ein Vergleich mit

der so viel kleineren Nordsee auf: Man könnte vermuten, daß
in den Ozean von Süden her eine Welle eindringt, die im
Norden an der Schwelle Britische Inseln—Shetlands—Färöer

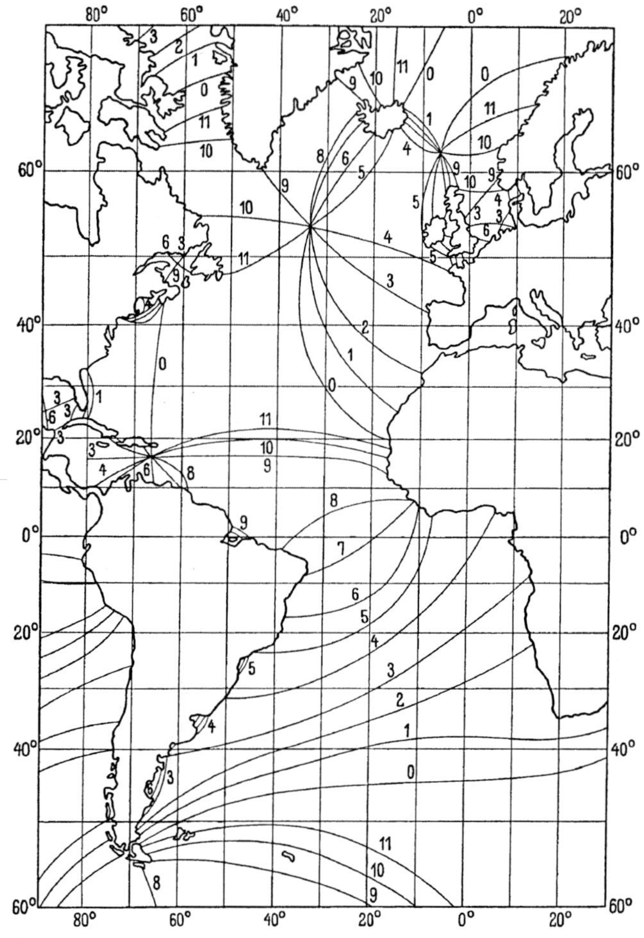

Abb. 57. Flutstundenlinien zur Springzeit im Atlantischen Ozean. Nach
R. Sterneck.

—Island—Grönland zurückgeworfen wird und dann beim Begegnen mit der folgenden Welle unter Mitwirkung der Ablenkungskraft die Drehwellen bildet, während sie im Süd-
atlantischen Ozean durch Reibung so weit abgeschwächt ist,

daß sie hier die fortschreitende Welle nicht mehr umformen
kann (vgl. auch Abb. 40, S. 65). Dann wären also vielleicht
die Gezeiten des Atlantischen Ozeans nur ein Mitschwingen
mit der Gezeitenwelle des Südmeeres, des einzigen rund um
die Erde reichenden Meeres? Seit etwa 100 Jahren steht diese
Meinung der anderen gegenüber, daß die Gezeiten des Atlantischen Ozeans in ihm selbst ihren Ursprung hätten, also
selbständige Gezeiten seien, ohne daß es bisher möglich gewesen wäre, die Frage einwandfrei zu entscheiden. Dabei liegt
die Hauptschwierigkeit noch nicht einmal in den unregelmäßigen Formen seiner Umrandung und seines Bodens, sondern in seiner riesenhaften Ausdehnung über viele geogra-

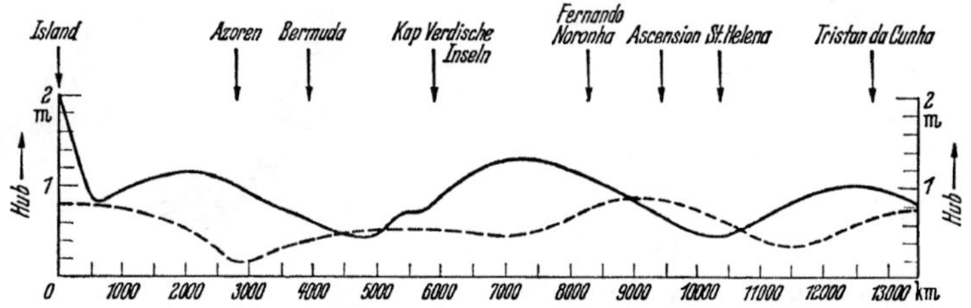

Abb. 58. Hub der selbständigen (- - - -) und der Mitschwingungsgezeit (———)
in der Mittellinie des Atlantischen Ozeans nach der Auffassung von A. Defant.

phische Breiten hinweg. Die Gezeitenkraft wirkt daher auf
seine einzelnen Teile recht verschieden ein (vgl. Abb. 22, S. 32
oder Abb. 24, S. 34), und dasselbe gilt von der Ablenkungskraft (vgl. S. 84 f.). Gerade diese letztere aber äußert sich bei
der großen Breite des Ozeans in kräftigen Querschwingungen,
die ihrerseits wiederum auf die Ausgestaltung der Längs-
schwingungen zurückwirken usw.

Um diesen Schwierigkeiten zu entgehen, schlug A. Defant
den Ausweg ein, seine Berechnung der atlantischen Gezeiten
auf die von Norden nach Süden laufende Mittellinie des Ozeans
zu beschränken, weil er hoffen konnte, daß hier die Querschwingungen zurücktreten würden, und daß damit das für
einen „schmalen" Kanal gültige Verfahren wenigstens auf
dieser Linie zu einer überschläglichen Abschätzung führen
würde. Auf Grund seiner Ergebnisse ist die Abb. 58 gezeichnet, die sich den Beobachtungen auf den ozeanischen Inseln

leidlich anpaßt. Sie lehrt, daß man nach dem heutigen Stande der Kenntnisse vermuten darf, daß sowohl die selbständige wie die Mitschwingungsgezeit an dem Zustandekommen von Flut und Ebbe des Atlantischen Ozeans beteiligt sind, wobei anscheinend der Mitschwingung der Vorrang gebührt.

19. Interne Gezeitenwellen.

Bisher ist keine Rücksicht darauf genommen worden, daß die Gewässer der Erde nur ausnahmsweise von der Oberfläche bis zum Boden die gleiche Beschaffenheit besitzen. In Wirklichkeit jedoch ist das Meerwasser in den allermeisten Fällen geschichtet, da sein spezifisches Gewicht von seinem Salzgehalte und von seiner Temperatur abhängt: salzärmeres Wasser ist leichter als salzreicheres und schwimmt oben, und wärmeres Wasser lagert ebenfalls über kälterem infolge seiner geringeren Dichte; es kommt sogar in vielen Fällen dazu, daß eine leichte Deckschicht sich ziemlich scharf von dem darunterliegenden schweren Wasser abhebt. So z. B. ist in der Ostsee und in ihrem Einzugsgebiete die Zufuhr von Süßwasser durch Niederschlag und Zufluß so viel größer als der Verlust durch Verdunstung, daß dort der Salzgehalt erheblich geringer ist als in der schon fast ozeanischen Nordsee, und daß außerdem der Wasserüberschuß sich einen Ausweg sucht durch das Kattegat. In dem an der schwedischen und norwegischen Küste entlang fließenden baltischen Strome breitet sich dies salzarme Wasser unter fortwährender Vermischung mit dem salzreicheren Wasser seiner Umgebung an der Oberfläche aus. In der Tiefe aber sucht das schwere Nordseewasser umgekehrt in die Ostsee einzudringen, ein Vorgang, der schon seit langer Zeit Gegenstand meereskundlicher Beobachtung ist. Als man 1907 dazu überging, an einem festen Punkte im Kattegat die hierzu notwendigen Messungen der Temperatur und des Salzgehalts des Wassers von der Oberfläche bis zum Boden hin in kurzen, etwa achtstündigen Zeitabständen zu wiederholen, machte O. PETTERSSON die Entdeckung, daß der „Spiegel" des salzreichen Wassers von 32 % sich im Gezeitenrhythmus um etwa 5 m hob und senkte (Abb. 59). Obwohl

96

hier die Gezeiten an der Wasseroberfläche ganz schwach sind
und in den Häfen des Kattegats einen Hub von 30 cm selten

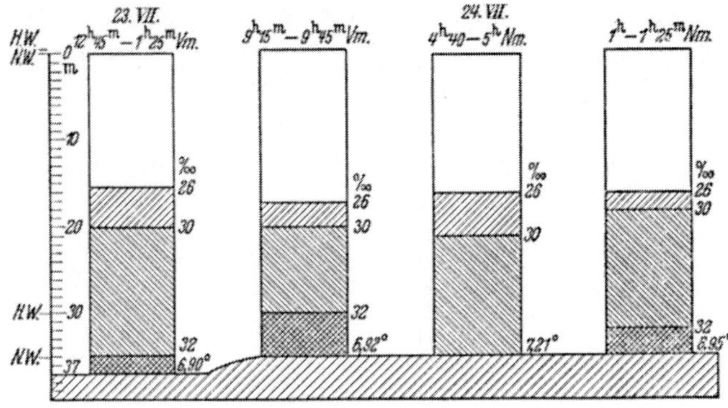

Abb. 59. Innere Gezeiten im Kattegat, erkennbar am Anschwellen des salzreichen Tiefenwassers und seinem Zurücksinken. Nach O. Pettersson.

überschreiten, erreicht also eine dem Auge unsichtbare innere
Welle („interne Welle") ein Vielfaches hiervon. Der Grund
hierfür ist leicht einzusehen: nach dem Archimedischen Ge-
setze hilft der Auftrieb der Deckschicht,
in die hinein der Berg der inneren Welle
vorstößt, mit, ihn zu heben. Es ist der
Schule Pettersson sogar gelungen,
einen „Pegel" herzustellen, der die interne Gezeit aufzeichnet. Das in der
Abb. 60 dargestellte Faß wird mit geschlossenen gläsernen Hohlkugeln und
mit Wasser gefüllt; durch seine Mitte
führt ein Eisenrohr, das an den beiden
Enden zur Verminderung der Reibung
mit Glasringen versehen ist. Das Faß
wird mit einem daranhängenden Apparat,
der den Druck der darüber stehenden
Wassersäule aufzeichnet, und einem
Gegengewichte so ausgewogen, daß es in

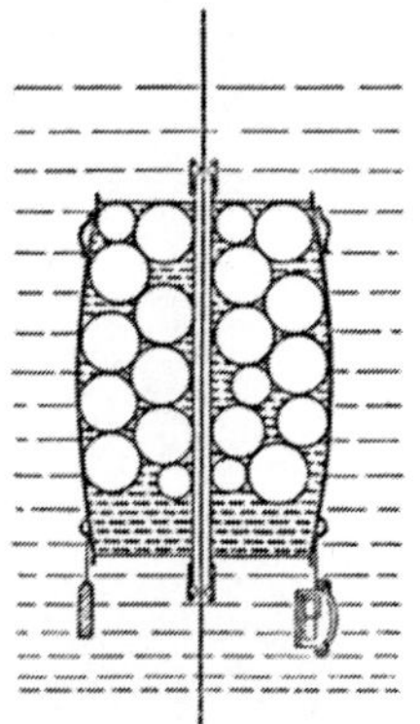

Abb. 60. Pegel zum
Aufzeichnen der inne-
ren Gezeiten. Nach
Kullenberg.

der Deckschicht untergeht, auf dem salzreichen unteren Wasser aber gerade schwimmt. Es kann an einem Drahtseile, das
von einer Boje getragen und durch ein angehängtes Gewicht

senkrecht gehalten wird (Abb. 61), auf und ab gleiten. Abb. 62 gibt eine Aufzeichnung des Druckschreibers wieder, nachdem sie von Störungen befreit ist. Man erkennt deutlich Halbtagstiden, wenn diese auch von anderen Schwankungen überlagert sind.

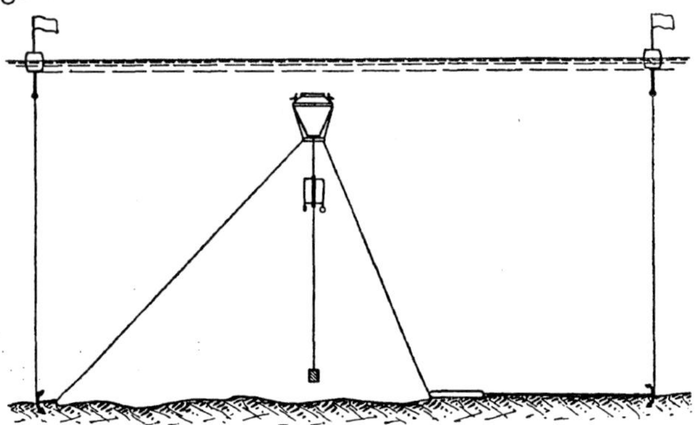

Abb. 61. Verankerung des Pegels für innere Gezeiten. Nach Kullenberg.

Beobachtungen haben gezeigt, daß interne Gezeitenwellen wahrscheinlich auch im Weltmeere recht weit verbreitet sind. Als Beispiel mögen Temperaturmessungen auf einer Anker-

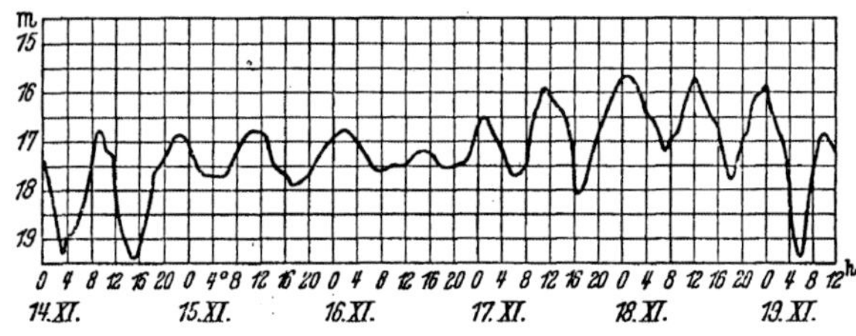

Abb. 62. Aufzeichnung der inneren Gezeiten im Kattegat. Nach Kullenberg.

stelle des Forschungs- und Vermessungsschiffes „Meteor" nordöstlich von Südamerika (12° 38′ nördl. Breite, 47° 36′ westl. Länge) angeführt sein. Indem DEFANT aus ihnen Schwingungen von kurzer Periode ausschied, konnte er feststellen, daß die Durchschnittstemperatur der Wassersäule von 100 m bis 200 m Tiefe im Rhythmus der Gezeiten stieg und fiel (Abb. 63). Nach Prüfung der Temperaturverhältnisse der Umgebung kam DEFANT zu dem Ergebnisse, daß diese

Schwankungen nur dadurch zustande gekommen sein konnten,
daß kältere Wassermassen aus der Tiefe in den Zwischenraum
zwischen 100 m und 200 m emporstiegen und wieder sanken.
Weitere Beobachtungen lehrten, wie groß der Abfall der Temperatur auf 1 m Tiefenzunahme war, und hieraus ergab sich,
daß an der Meßstelle eine innere halbtägige Gezeitenwelle von
5,2 m Hub und eine Eintagswelle von 3,2 m Hub (bezogen auf
die Meeresoberfläche)
auftrat, während der
Meeresspiegel selbst
sich, soweit entfernte
Küstenpunkte ein rohes
Urteil zuließen, viel-
leicht nur um $1/_2$ bis
1 m hob und senkte. Es
liegt eine gewisse Ironie
darin, daß sich die ge-
heimnisvollen inneren
Gezeiten mit Hilfe des

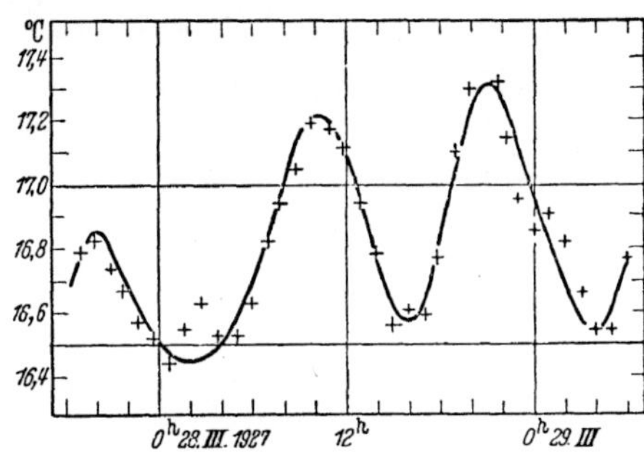

Abb. 63. Innere Gezeiten im Atlantischen
Ozean. Nach Defant.

Thermometers und der chemischen Bestimmung des Salzgehalts besser angeben lassen als die offen zutage liegenden
Hebungen und Senkungen der Meeresoberfläche, für die man
einstweilen noch auf reine Schätzungen angewiesen ist.

Wenn man daran denkt, welchen Triumph der Wissenschaft die Lehre NEWTONS von der Gravitation nicht nur für
die Einsicht in die Zusammenhänge unseres Weltsystems, sondern auch für die Erkenntnis der Gezeiten bedeutete, und
wenn man sich erinnert, daß NEWTON und auch das folgende
Zeitalter dabei immer wieder die ozeanischen Gezeiten als Aus-
gangspunkt nahmen, so stimmt es nachdenklich, daß die heutige Forschung zugeben muß, gerade hinsichtlich der Flut
und Ebbe des Weltmeeres noch ganz in den Anfängen zu
stehen. Und mancher Leser möchte geneigt sein, Schiller recht
zu geben:

„In den Ozean schifft mit tausend Masten der Jüngling;
Still, auf gerettetem Boot, treibt in den Hafen der Greis.“

Aber ein solches Urteil wäre nicht nur voreilig und ober-
flächlich; sondern es würde der genialen Tat eines NEWTON
nicht gerecht, die nicht in einer Erforschung der Gezeiten des
Meeres in ihren einzelnen Äußerungen bestand, sondern in
der Entdeckung der *Gezeitenkraft*. NEWTON und seine Zeit
konnten nicht oder nur dunkel ahnen, wie groß die Mannigfaltigkeit der Erscheinungen von Ebbe und Flut infolge der
Verschiedenheit der irdischen Gewässer ist; und wenn sie von
einem die Erde umgebenden Ozean ausgingen, so war dies eine
für die Bewältigung der Aufgabe nötige vereinfachende Hilfs-
vorstellung, welche indessen den wahren Raum- und Begren-
zungsverhältnissen der Weltmeere völlig widersprach. Fort-
schritte über die grundsätzlichen Feststellungen hinaus zur
Erklärung der wahren Erscheinungen waren darum erst möglich, als man sich enger begrenzten Aufgaben zuwandte. Ohne
es zu ahnen, hat das Zeitalter NEWTONS die schwierigste der
Gezeitenfragen zuerst angegriffen, so daß sichtbare Fort-
schritte hinsichtlich der Meeresgezeiten erst möglich waren,
nachdem die Forschung sich einfacheren Fragestellungen zuwandte. Schon auf S. 40 wurde darauf hingewiesen, wie uns
unsere Vorstellungskraft im Stiche läßt, wenn es sich um
Dinge und Vorgänge handelt, deren Ausmaße weit über das
mit unseren Sinnen Greifbare hinausgehen; nur der logisch
denkende Verstand vermag dann noch dem Anschauungsver-
mögen in solchen Fällen eine Stütze zu geben. Das Weltmeer
bietet ein schlagendes Beispiel hierfür: Mit seiner größten
Tiefe von mehr als 10 000 m übertrifft es — kaum noch vor-
stellbar — das 6ofache der Kölner Domtürme, aber gegenüber
seiner waagerechten Ausdehnung ist seine Tiefe wiederum so
klein, daß z. B. an einem mittelgroßen Globus, den man in Wasser
getaucht hat, mehr Wasser hängenbleibt, als dem ganzen Weltmeere entspricht. In einem durch den Atlantischen Ozean gelegten Querschnitte, der so groß ist, daß er gerade auf einer
Seite dieses Buches Platz hat, würde der Leser die Tiefe gar
nicht bemerken, wenn sie nicht, wie in Abb. 64, 2omal übertrieben wäre gegenüber der Länge des Querschnittes; welche
Verzerrung aber eine 2ofache Übertiefung bedeutet, das möge
der hinzugefügte Schnitt durch den Hohen Meißner zeigen.

Dazu kommt die durch die Kugelgestalt der Erde hervorgerufene Wölbung; man muß schon auf dem Meere die Rundung des Horizontes gründlich erlebt haben, um sie wirklich anschaulich in sich aufzunehmen. Menschliche Bauwerke, wie Pegel zum Beobachten von Flut und Ebbe, würden auf der Abb. 64 nur die Größe von Bakterien haben. Im Hinblick auf diese und die schon obenerwähnten Schwierigkeiten kann es nicht wundernehmen, daß unter den Aufgaben der Gezeitenforschung diese schwierigste: Die Gezeiten des Weltmeeres, bis zuletzt übriggeblieben ist.

Andrerseits aber ist die Erforschung der Gezeiten der Nebenmeere und Kanäle, die erst etwa vor einem Jahrhundert

Abb. 64. a) Querschnitt durch den Atlantischen Ozean von Kap Verde (Afrika) nach Kap Hatteras (Amerika); die Tiefen sind 20mal übertrieben! b) Querschnitt durch den Hohen Meißner mit 20facher Übertreibung der Höhen (obere Linie) und im richtigen Verhältnis von Höhe und Länge (untere schwarze Fläche), zum Vergleich.

begonnen wurde, von Erfolg zu Erfolg fortgeschritten und hat sich namentlich während des letzten Menschenalters schneller entwickelt als in den zwei vorhergehenden Jahrhunderten, nachdem die Mathematik den auftretenden Schwierigkeiten durch die Entwicklung neuer Verfahren wirksam begegnen konnte. So lange die Kugelgestalt der Erde und damit die Unterschiede der geographischen Breite nicht ins Gewicht fallen, klaffen hier keine bedenkenerregenden Lücken zwischen Theorie und Beobachtung. Und das bedeutet nicht nur eine Erweiterung und Vertiefung unserer Kenntnis der Gezeiten, sondern es ist darüber hinaus von grundsätzlicher Bedeutung. Denn es liegt darin eine Rechtfertigung nicht nur des eingeschlagenen Weges, sondern auch der Voraussetzungen, von denen die Forschung ausging; das will sagen, daß die überwältigende Mannigfaltigkeit der Gezeitenerscheinungen, von denen dies Buch nur einen kleinen Teil aufzeigen konnte, ausschließlich beruht auf den von NEWTON entdeckten winzigen fluterzeugenden Kräften von Mond und Sonne und auf der Art, wie die verschiedenen Gewässer kraft ihrer Gestalt und Größe darauf antworten!

Anhang I.

Die fluterzeugende Kraft, genauer betrachtet.

Der kritisch eingestellte Leser wird sich vielleicht bei den Darlegungen S. 29 ff. gesagt haben: Daß die Anziehungskraft des Mondes in dem ihm zugekehrten Punkte des Äquators (A, Abb. 21, S. 30) größer, und daß sie in dem abgekehrten Punkte (B) kleiner ist als im Erdmittelpunkte (F), leuchtet ein; aber ist nicht auch die Fliehkraft in diesen drei Punkten verschieden groß? Zumal sie nicht gleich weit von der Drehungsachse ○ des Gestirnspaares Erde-Mond entfernt sind?

Um diese Frage zu entscheiden, ist es nötig, dem Begriff der Drehung auf den Grund zu gehen. Einige Beispiele mögen die Schwierigkeit beleuchten.

1. Bei oberflächlicher Betrachtung könnte mancher geneigt sein, die Frage: Dreht sich der Mond um seine Achse? mit einem „Nein" zu beantworten; denn er kehrt uns während seines rund einen Monat dauernden Umlaufs um die Erde beständig dieselbe Seite zu. In Wirklichkeit jedoch würde ein Betrachter, der sich jenseits der Mondbahn im Weltenraume, etwa weiter nach der Sonne zu, befindet, alle Seiten des Mondes der Reihe nach erblicken, z. B. die dem Erdbewohner sichtbare dann, wenn der Mond, von der Sonne aus gerechnet, jenseits der Erde steht, also bei Vollmond, die uns unsichtbare bei Neumond. Von einem Standpunkte außerhalb der Mondbahn gesehen, führt daher der Mond während eines Umlaufs um die Erde gerade eine Umdrehung um seine Achse aus. Man erkennt den Grund für diesen scheinbaren Widerspruch, wenn man sich einmal die Erde fort, dafür aber den Beobachter im Erdmittelpunkte aufgestellt denkt: Wenn er

alsdann den Mond beständig im Auge behalten will, muß er
sich in einem Monate um sich selbst drehen. Dadurch, daß
diese eigene Drehung auf der Erde wegen ihrer Achsendrehung unbemerkt bleibt, entsteht der irrige Eindruck, der
Mond drehe sich nicht um seine Achse. Der jenseits der
Mondbahn stehende Beobachter dagegen braucht sich nicht
zu drehen, um den Mond im Gesichtsfelde zu behalten, und
stellt daher eine Achsendrehung fest.

2. Ein künstliches Beispiel beleuchtet vielleicht den Sach-
verhalt noch besser: Von zwei Personen A und B (Abb. 65 a)
bleibt A an seinem Standorte; B umkreist A so, daß er A be-

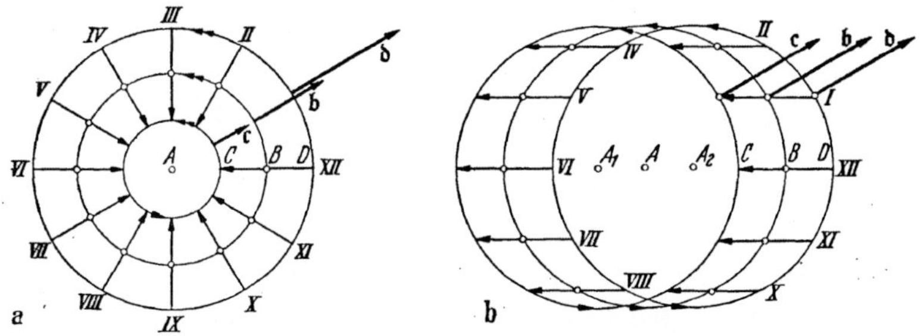

Abb. 65. Umlaufbewegung des Pfeiles CD, a) mit Drehung, b) ohne Drehung
um sich selbst; c, b, d die dabei auftretenden Fliehkräfte.

ständig ansieht; er wird also seitwärts schreiten müssen. Ein
Stock, den B unter den Arm klemmt, deutet mit der Spitze C
auf A, während das andere Ende D von A abgewandt ist. Die
Bewegung ist der des Mondes ähnlich: A wird, indem er sich
dreht, B immer von vorn sehen und vielleicht aussagen, daß
B sich nicht dreht. Aber B schaut beim Beginn seines Umlau-
fes nach Westen (wenn man die Abb. 65 geographisch auf-
faßt), dann nach Süden, Osten und wieder nach Westen, wie
es die Zahlen XII, I, II usw. andeuten. Er führt also zugleich
mit seinem Umlaufe eine volle Drehung um sich selbst aus,
erkennbar an der Richtung seines Stockes.

3. Ein zweites Mal blicke B während seines Umlaufs von
Anfang an immer nach Westen (Abb. 65 b). Er ist dabei natürlich genötigt, zeitweise seitwärts, sogar auch rückwärts zu
gehen, aber er dreht sich nicht um sich selbst. A freilich sieht

B nacheinander von allen Seiten und kommt dadurch vielleicht zu dem Glauben, B drehe sich um sich selbst, während es in Wirklichkeit A ist, der dies tut.

Man könnte nun vielleicht meinen, daß die genaue Unterscheidung: „Ob Drehung oder nicht?" eine belanglose Haarspalterei wäre, da die Antwort von dem jeweiligen Standpunkte abhinge. Aber dem ist nicht so. Spitze, Mitte und Ende des Stocks beschreiben in Abb. 65a verschieden große konzentrische Kreise. Da die Umlaufszeit für alle drei Punkte die gleiche ist, sind die Fliehkräfte verschieden groß; sie entsprechen den in gleicher Richtung von A fort weisenden Pfeilen c, b, b. Wäre der Stock elastisch, so würde das Stück CB durch die Fliehkraft zusammengedrückt, das Stück BD jedoch verlängert. Im anderen Falle (Abb. 65b) beschreiben B, C und D nicht konzentrische, sondern gleich große Kreise mit verschiedenen Mittelpunkten A_1, A, A_2, und die vom jeweiligen Mittelpunkte fort gerichteten Fliehkräfte c, b, b sind in jedem Augenblicke gleich groß und zueinander parallel. Jeder Teil des Stocks erfährt einen gleich großen Zug nach außen, und ein Zusammendrücken oder Auseinanderzerren kann nicht stattfinden.

Beim Umlaufen der Erde um den gemeinsamen Schwerpunkt S (Abb. 66) von Erde und Mond handelt es sich nun um eine drehungsfreie Bewegung im Sinne des Beispiels 3. Man könnte hiergegen einwenden, daß die Erde ja doch schon täglich eine Achsendrehung ausführt und deshalb bereits unter der Wirkung von Fliehkräften steht; diese sind am Äquator am größten, während sie an den Polen verschwinden, weisen also große Unterschiede auf; sie haben bewirkt, daß die Erde am Äquator einen Wulst besitzt, an den Polen aber abgeplattet ist, und dadurch sind sie ausgeglichen. Wäre das nicht so, dann müßte ja z. B. alles Wasser auf der Erde beständig gegen den Äquator hinfließen. Das mag vielleicht einmal geschehen sein, als die heutige Erdgestalt sich formte, ist aber längst zum Stillstand gekommen und zeigt damit einen Ausgleich der Fliehkraft an; übrigens würde diese und die aus ihr sich ergebende Abplattung auch vorhanden sein, wenn es keinen Mond und keine Gezeiten gäbe. Die

Achsendrehung der Erde scheidet daher bei der Betrachtung
der fluterzeugenden Kräfte aus; die Erde beschreibt also um
den Schwerpunkt S von Erde-Mond (Abb. 66) einen Umlauf
ohne Drehung. Faßt man z. B. die auf einem Durchmesser
des Äquators liegenden Punkte A (Mündung des Amazonen-
stroms) und W (die bei
Neuguinea gelegene In-
sel Waigeu) ins Auge,
so gelangt AW nach
einer gewissen Zeit in die
Lage $A'W'$, und man
erkennt, daß A, W und
C sich auf gleich gro-
ßen Kreisen um ver-
schiedene Mittelpunkte
bewegen und dem-

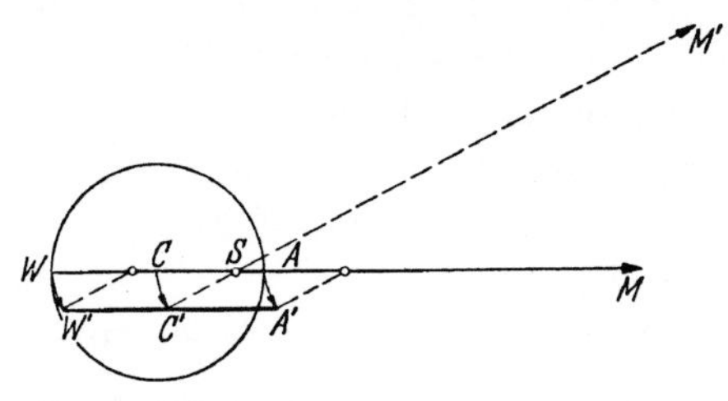

Abb. 66. Umlauf der Erde um den gemeinsamen Schwerpunkt S von Erde und Mond,
ohne Drehung um sich selbst.

gemäß gleich große Fliehkräfte erleiden. Dasselbe gilt auch
von den anderen Punkten des Äquators und offenbar auch von
allen anderen Punkten der Erde, und damit ist die Grundlage
der Darlegungen S. 29 ff.: „gleiche Fliehkräfte, aber verschieden große Anziehungskräfte" gerechtfertigt und der am Anfange dieses Anhangs geäußerte Zweifel beseitigt.

Anhang II.

Zusatz über die ablenkende Kraft der Erdumdrehung.

Für den Menschen, der weder die Umdrehung der Erde
noch seine eigene bemerkt, die eine Folge von jener ist, hat
die Ablenkungskraft, zumal sie nur auf bewegte Körper, nicht
aber auf ruhende einwirkt, immer etwas Geheimnisvolles. Um
ihrem Wesen näher auf die Spur zu kommen, ist es am besten,
einem Gedankengange von SPRUNG zu folgen und ein und
dieselbe Bewegung einmal vom Standpunkte eines Beobachters A zu betrachten, der einen festen Standpunkt auf der Erde
innehat und somit an ihrer Umdrehung teilnimmt, das andere
Mal jedoch vom Standpunkte eines Beobachters B aus, der

außerhalb der Erde im Weltsystem feststeht und daher an ihrer Drehung nicht teilnimmt. SPRUNG denkt sich die Erdoberfläche geglättet und von einer sich dem Erdkörper anpassenden durchsichtigen und ruhenden Hülle umgeben, innerhalb deren die Erde sich dreht. Damit die Wirkungen der Ablenkungskraft ohne Beeinträchtigung hervortreten, sei ferner angenommen, daß die Hülle vollkommen glatt sei, und daß Bewegungen auf ihr ungestört von Hindernissen, wie Reibung usw., vor sich gehen können. Um das Wesen der Sache zu erfassen, genügt es, hier drei Beispiele von Bewegungen zu untersuchen.

Erstes Beispiel. — *B* lege von außen her auf die Hülle eine Kugel, z. B. auf 10° nördl. Breite; was wird geschehen? — Man sieht sofort ein, daß sie nicht liegenbleiben kann, sondern auf der abgeplatteten Hülle (Abb. 67) vom Äquatorwulst zum Nordpole hinabrollen, besser -gleiten muß, da der Nordpol dem Erdmittelpunkte, von dem die Anziehung ausgeht, näher ist, also tiefer liegt als der Äquator. Überhaupt hat die Oberfläche der nördlichen und ebenso der südlichen Halbkugel die Gestalt einer Mulde, deren tiefster Punkt der Pol und deren erhöhter ringförmiger Rand der Äquatorwulst ist[1]. Von *B* aus gesehen bewegt sich also die Kugel nach Norden. Sie würde beiläufig von 10° nördl. Breite bis zum Pole etwa acht Stunden brauchen und anfangs mit geringer, dann immer größerer Schnelligkeit dem Pole zueilen, bis sie ihn mit mehr

---

[1] Man darf sich bei diesem Vergleich nicht daran stoßen, daß die Schale hohl, die Erdoberfläche jedoch erhaben ist. In der Tat umgibt der Äquatorwulst die Erde wie ein Ringgebirge, das sich bis zu den beiden Polen hin abdacht. Obwohl jede Halbkugel der Gestalt nach gewölbt ist, kann man sie daher doch in Bezug auf die Schwerkraft mit einer Mulde vergleichen. Man denke sich etwa die Erde in die Nord- und die Südhalbkugel zerschnitten und biege die von den beiden gestrichelten Kugelflächen gebildete äußere Erdschale der Nordhalbkugel auf, bis sie eben wird (angenommen, dies wäre ohne Zerreißen möglich). Dann wird die durch die fett gezeichnete Linie angedeutete wahre Erdoberfläche zwischen den beiden Ebenen liegen und eine Mulde bilden; während eine kleine auf die Ebene gelegte Kugel liegen bleibt, muß sie in der Mulde hinabrollen. Kurz: Wenn an die Stelle der Kugel eine Ebene tritt, so muß an die Stelle der abgeplatteten Kugel eine Mulde treten. — Die Schwierigkeit für das Vorstellungsvermögen liegt darin, daß im täglichen Leben eine Gleichgewichtsfläche eine waagerechte Ebene ist, daß dagegen, wenn man das Erdganze betrachtet, die Gleichgewichtsfläche gewölbt ist.

als 600 m/sec, also mit Geschoßgeschwindigkeit, durchläuft.
Was dann jenseits des Poles weiter geschieht, kann hier un-
erörtert bleiben. Vom Standpunkte des A aus, der durch die
Erdumdrehung nach Osten getragen wird, bleibt die Kugel
zunächst in westlicher Richtung zurück; er stellt an ihr daher
eine Bewegung nach Westen fest, die jedoch durch die eben
erwähnte zunehmende nördliche Bewegungskomponente immer mehr nach Norden umgebogen wird. Von der Erde aus
beobachtet stellt sich also die Bewegung dar als eine weit
nach Westen ausholende, rechtsherum gekrümmte Kurve,
während die Kugel, von außerhalb gesehen, geradeswegs dem
Pole zustrebt.

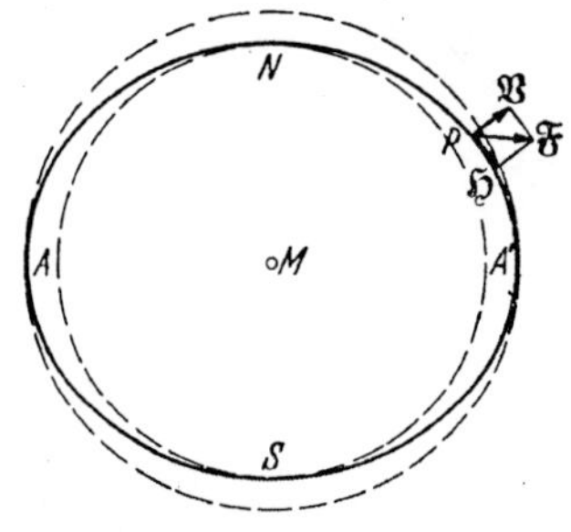

Abb. 67. Abplattung der Erde (ausgezogene Linie) und dadurch hervorgerufene
Neigung des Horizonts, 30mal übertrieben.
Um die Abdachung vom Äquator nach
den Polen deutlicher zu machen, sind die
beiden gestrichelten Kreise hinzugefügt,
die einer in die Erde eingeschriebenen und
einer um sie umgeschriebenen Kugel entsprechen.

Zweites Beispiel. — Jetzt lege umgekehrt A an irgendeinem
Punkte P der Nordhalbkugel, etwa durch ein in die Hülle ge-
schnittenes Fenster, eine Kugel auf die Hülle; wird sie dies-
mal auch dem Gefälle folgen und nach Norden rollen? —
Diese Frage ist zu verneinen! — Um dies einzusehen, nehme
man vorab einmal einen Augenblick an, A lege einfach die
Kugel vor sich auf einen waagerechten Tisch; niemand be-
zweifelt, daß sie alsdann ruhig liegenbleibt, obwohl doch auch
in diesem Falle die vom Äquatorwulste nach dem Pole gerichtete Gefällskraft — sie möge hier kurz „Abplattungskraft"
heißen — vorhanden ist. Es muß also eine zweite Kraft geben,
die sie gerade ausgleicht, und diese Kraft ist die durch die
Achsendrehung der Erde entstehende Fliehkraft $\mathfrak{F}$ (Abb. 67).
Diese weist zwar von der Erde fort, sucht also die Kugel von
der Erdoberfläche abzuheben, doch kann man sie in einen
senkrecht nach oben gerichteten ($\mathfrak{W}$) und einen waagerechten,
nach dem Äquator gerichteten Anteil ($\mathfrak{H}$) zerlegen; der erstere

verursacht nur einen geringfügigen Gewichtsverlust, der zweite
aber genügt gerade, ein Abrollen nach Norden zu verhindern.
Man kann zur Erläuterung einen einfachen Versuch anstellen:
In einer Schale (Abb. 68), deren Rand den Äquatorwulst und
deren tiefster Punkt den Pol vertritt, rollt eine Kugel wegen
des Gefälles nach unten. Versetzt man aber die Schale in der
durch die Pfeile angedeuteten Weise in Umdrehung, so kann
man eine gewisse Geschwindigkeit herausfinden, bei der die
entstehende Fliehkraft die Kugel irgendwo oben in der Schale
hält; das geschieht dann, wenn die Fliehkraft so groß ist wie
die Gefällskraft.

Man kann den Versuch abändern, indem man die Schale
stehen läßt und der Kugel auf irgendeiner der kreisförmigen

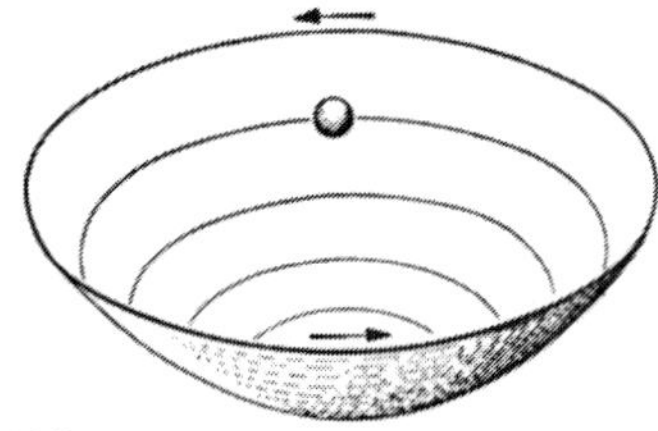

Abb. 68. Bewegung einer Kugel
in einer sich drehenden Schale.

Höhenlinien (Abb. 68) die Geschwindigkeit erteilt, die sie vor-
hin in der sich drehenden Schale
hatte. Es gelingt so, sie im Kreise
umlaufen zu lassen, da Gefälle
und Fliehkraft im Gleichgewichte
sind. In dieser Form ausgeführt,
bietet der Versuch eine Handhabe,
um die oben durch das zweite Bei-
spiel aufgeworfene Frage zu beantworten: Die ruhende, nach
dem Pole sich senkende muldenförmige Hülle entspricht der
ruhenden Schale; der Kugel, die A auf sie legt, wohnt, ohne
daß A es bemerkt, seine eigene Geschwindigkeit inne, die er
selbst infolge der Erdumdrehung hat; es ist die gleiche Geschwindigkeit, die sie hatte, als sie auf dem Tische lag, und
sie läuft daher, ebenso wie bei dem Versuche, auf dem Breitenkreise des A um die Erde; Abplattungskraft und Fliehkraft
sind im Gleichgewichte. Völlig verschieden aber ist wiederum,
wie im ersten Beispiele, das Urteil der beiden Beobachter über
Bewegung und Kräfte. A sieht durch die Hülle die Kugel stets
gerade über sich und hält sie für ruhend; für B beschreibt sie
einen Kreis. A erklärt sich ihre Ruhe daraus, daß keine Kräfte
auf sie einwirken; B stellt zwei Kräfte fest, die miteinander im
Gleichgewichte sind.

Drittes Beispiel. — A erteile der auf die Hülle gelegten

108

Kugel einen Stoß, etwa nach Osten, so daß sie sich schneller bewegt als die Punkte des Breitenkreises, auf dem A sich befindet. Für die Feststellung ihrer weiteren Bewegung gewinnt man einen Anhalt, wenn man auf den Versuch mit der stillstehenden Schale zurückgreift und nunmehr der Kugel nicht die Geschwindigkeit des vorigen Abschnitts, sondern eine größere mitteilt. Man beobachtet alsdann, daß sie, der zu großen Fliehkraft folgend, bei ihrem Umlaufe ein Stück aufwärts steigt, bis sie einen höchsten Punkt erreicht; von diesem aus bewegt sie sich schräg abwärts bis zu einem tiefsten Punkte ihrer Bahn, steigt wieder an usw., so daß sie eine Reihe von Schleifen innerhalb der Schale durchläuft, ohne jedoch, solange ihre Energie nicht durch die Reibung aufgezehrt ist, den tiefsten Punkt der Schale zu erreichen. Der Grund hierfür liegt in der Trägheit der Kugel: sie schießt jedesmal über den Höhenkreis hinaus, der (nach Beispiel 2) ihrem Gleichgewichte entspricht, nicht anders, als etwa ein Pendel immer wieder über seine Gleichgewichtslage hinausschwingt.

Wendet man dies Ergebnis auf das dritte Beispiel an, so erklärt sich die mathematisch berechnete und in Abb. 69 dargestellte Schleifenbahn der Kugel auf der Hülle: Die in 60° nördl. Breite nach Osten geschleuderte Kugel pendelt gewissermaßen zwischen dem 60. und dem 38. Breitenkreise hin und her und erreicht nach 1, 2, 3, ... Stunden die mit diesen Zahlen bezeichneten Orte. Dies Bild ergibt sich für B. Dagegen gelangt A, der sich nach dem Loslassen der Kugel nach A_0 begeben möge, nach 1, 2, 3, ... Stunden, ohne sich dessen bewußt zu werden, nach A_1, A_2, A_3 ... und erblickt die Kugel jedesmal in der gestreichelt gezeichneten Richtung. Für ihn beschreibt sie also eine annähernd kreisförmige Bahn mit einem Mittelpunkte in etwa 49° nördl. Breite. Hinsichtlich der Kräfte findet B, daß am Anfange der Bewegung die Fliehkraft wegen der zusätzlichen Geschwindigkeit der Kugel im Überschusse war gegenüber der Abplattungskraft. Beim Hinaufsteigen auf die Äquatorböschung vermindert sich die Geschwindigkeit immer mehr, so daß beim Umkehrpunkte in 38° nördl. Breite die Abplattungskraft im Übergewichte ist. Erreicht die Kugel beim Herabsinken aufs neue die Breite von

60°, so ist wieder die Fliehkraft im Überschusse usw. Für B ist also der Vorgang eine Trägheitsschwingung unter dem Einflusse der Abplattungskraft, also der Schwere. Ganz anders für A. Er erwartet, daß die einmal losgelassene Kugel wegen ihrer Trägheit „geradeaus" weiterrollt. Statt dessen durchläuft

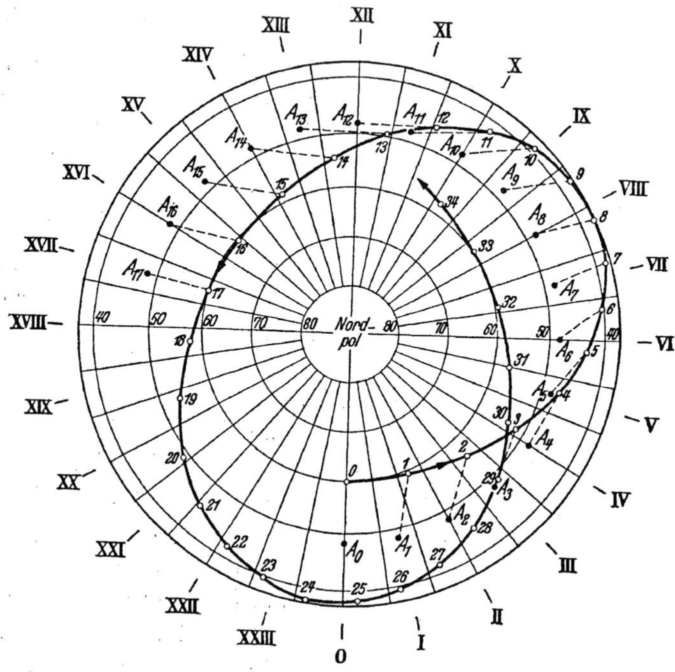

Abb. 69. Trägheitsbahn eines Massenpunktes auf der sich drehenden Erde, dargestellt auf einer geographischen Polarkarte.

sie, von ihm aus gesehen, rechtsherum mit fast gleichbleibender Geschwindigkeit eine fast kreisförmige Bahn. Eine gleichförmige Kreisbewegung jedoch erfordert eine unveränderliche zum Mittelpunkte gerichtete Kraft zum Ausgleich der entstehenden Fliehkraft. Deshalb kommt A zu der Auffassung, daß es bei Bewegungen auf der Erde eine stets nach rechts von der Bahn (auf der Südhalbkugel links) gerichtete Kraft geben muß, die Ablenkungskraft — die wiederum für B nicht vorhanden ist; dagegen sind für A die Abplattung und die Fliehkraft ausgeschaltet.

110

Man kann der Auffassung begegnen, die Ablenkungskraft sei eine „scheinbare" Kraft, da sie nur für A, nicht aber für B vorhanden sei. Es ist jedoch eine müßige Frage, ob eine Kraft „scheinbar" oder „wirklich" sei, denn es wird nicht leicht sein, anzugeben, worin der Unterschied in diesem Falle bestehen soll. Sicherlich würde A zu falschen Schlüssen kommen, wenn er die Ablenkungskraft als unwirksam betrachten würde: Luft- und Meeresströmungen z. B. verlaufen nicht in der Richtung der Kräfte, die sie erzeugen, sondern sind (auf der Nordhalbkugel) nach rechts abgelenkt. Andrerseits ist die Ablenkungskraft für B zwar nicht wirksam; dafür aber muß er, um nicht in Irrtümer zu verfallen, die Abplattungskraft berücksichtigen, die wiederum für A nicht vorhanden ist: Eine Ebene, die A mit der Wasserwaage waagerecht eingerichtet hat, ist für B nicht waagerecht, sondern eine schiefe, zum Nordpole geneigte Ebene (Abb. 67, S. 107). Jeder der beiden Beobachter kommt jedoch zu einem richtigen Ergebnisse, wenn er die für ihn gültigen Kräfte in seine Berechnungen einsetzt, und jeder ist daher „im Rechte". Es kann sich also nicht um Recht oder Unrecht, sondern nur noch darum handeln, von welchem Standpunkte aus die Naturerscheinungen sich einfacher und einleuchtender erklären lassen, und hier darf man sich durch die oben gewählten drei einfachen Beispiele nicht dazu verleiten lassen, etwa den Standpunkt des B zu bevorzugen. In den allermeisten Fällen würde eine Untersuchung von Luft- und Meeresströmungen in Anlehnung an Abb. 69 sehr verwickelt werden und den Sprung ins Weltall außerhalb der Erde untunlich erscheinen lassen, ganz abgesehen davon, daß man das Ergebnis doch nachträglich auf den mit der Erde bewegten Beobachter wieder zurückbeziehen muß, um die Bewegungen in der Form zu erhalten, wie sie uns erscheinen. Deshalb ist es von vornherein geraten, vom Standpunkte des A auszugehen und die Ablenkungskraft in Kauf zu nehmen.

Die Schwierigkeit, auf die das Verständnis der Ablenkungskraft zu stoßen pflegt, ist nicht zuletzt im Begriffe der physikalischen Kraft überhaupt begründet. Ursprünglich jedem geläufig als Erklärung für ein gewisses Gefühl in einem angespannten Muskel, wurde das Wort „Kraft" auch auf Spannungszustände in der Natur übertragen und auf Eigenschaften, die solche Spannungen oder Bewegungen hervorrufen. Obwohl dadurch der Sinn sich völlig geändert hat und z. B. bei der Schwerkraft, den elektrischen und magnetischen Anziehungskräften an einen Vergleich mit einem Muskel nicht mehr gedacht werden kann, empfinden wir die Übertragung des Begriffs auf leblose Gegenstände nicht mehr als sinnwidrig, weil uns diese Anziehungskräfte längst durch Gewohnheit vertraut geworden sind. Selbst wenn die Physik erklärt, die Fliehkraft, die wir in einem Wagen empfinden, der gerade eine Kurve durchfährt, sei im Grunde nur das Beharrungsvermögen des Körpers, der seine Bewegung geradlinig fortsetzen will, sei also eigentlich keine „wirkliche", sondern nur eine „scheinbare" Kraft, vorgetäuscht durch seine Trägheit, so ist doch die Fliehkraft jedem gefühlsmäßig hinlänglich bekannt und auch in zahlreichen Maschinen, z. B. Pumpen, Zentrifugen usw., verwertet; man ist daher leicht geneigt, sie trotzdem als „Kraft" zu respektieren; ganz abgesehen davon, daß auch die Trägheit ja als eine Art Kraft betrachtet werden kann. Wenn demgegenüber die Ablenkungskraft nicht demselben „Verständnisse" begegnet, so ist zu bedenken, daß sie sich dem Menschen nicht gewohnheitsmäßig aufdrängt. Die Vorgänge bei physikalischen Versuchen im Zimmer und auch in dem von uns mit den Augen übersehbaren Umkreise der Natur sind von zu geringem Ausmaße, als daß diese Kraft, ebensowenig wie etwa die Gezeitenkraft, sich dem Beobachter aufdrängen müßte; wie jedoch schon betont wurde, fällt es dem Menschen schwer, sich nicht verstandesmäßig, sondern anschaulich eine Vorstellung von den Riesenräumen des Erdkörpers zu machen, in denen diese Kräfte eine Rolle spielen.

Namen- und Sachverzeichnis.

VERLAG VON JULIUS SPRINGER IN BERLIN

Das Leben des Weltmeeres
Von
E. Hentschel
(Verständliche Wissenschaft, Bd. 6.) Mit 54 Abbildungen. VIII, 153 Seiten. 1929
Gebunden RM 4.32

Mit einem bewunderungswürdigen didaktischen Geschick versteht es der Verfasser, den Leser von der Anfangsstufe der laienmäßigen Vorstellungen vom Leben der Meere Schritt für Schritt weiter und tiefer zu führen, zu einer wissenschaftlich fundierten Einsicht in die gesetzmäßigen biologischen Zusammenhänge innerhalb des räumlich größten aller Lebenskomplexe, der trotz seiner erdumspannenden Größe von der kleinsten Lebenseinheit, der Zelle, beherrscht wird.

Gaben des Meeres
Von
E. Neresheimer
(Verständliche Wissenschaft, Bd. 13.) Mit 16 Abbildungen. IX, 190 Seiten. 1931
Gebunden RM 4.80

Dieses vielseitige Buch stellt eine recht glückliche Mischung dar. Die trockenen Zahlen aus Handel und Wirtschaft werden in Verbindung gebracht mit den neuesten biologischen Forschungsergebnissen. Wir erfahren die Bedeutung, die der Hering als Volksnahrungsmittel für die ganze Erde besitzt, wie blühende Städte im 15. Jahrhundert in Armut und Bedeutungslosigkeit versunken sind, weil die Heringszüge an ihren Küsten ausblieben. Die seltsame Lebensgeschichte unseres Aals, nicht minder die des Lachses mutet an wie eine erfundene Tiergeschichte. Auch das traurige Kapitel der Ausrottung von Tieren durch den Menschen nimmt breiten Raum ein.

Wetter und Wetterentwicklung
Von
H. v. Ficker
Zweite, vermehrte und verbesserte Auflage
(Verständliche Wissenschaft, Bd. 15.) Mit 42 Abbildungen und 11 Karten.
VI, 142 Seiten. 1940. Gebunden RM 4.80

Der neu aufgelegte Band führt in ausgezeichneter Weise in die heutige Wetterkunde ein. In klarem Aufbau vom Leichten zum Schweren wird der Leser mit den Gesetzlichkeiten des Luftdruckes und der Luftfeuchtigkeit, der Windentstehung und dem Einfluß der Erddrehung dabei, mit Wolkenbildung, Föhnentstehung und den Wirbelerscheinungen der barometrischen Tiefs und Hochs vertraut gemacht und wird ihm schließlich die Bedeutung der neueren Frontentheorie erläutert. Abschließend werden eine Reihe von Beispielen gebracht, die besonders kennzeichnende Wetterlagen unserer europäischen Länder zeigen und dazu die Gedankengänge der kurzfristigen Wettervorhersage entwickeln.

Zu beziehen durch jede Buchhandlung

VERLAG VON JULIUS SPRINGER IN BERLIN

Der Naturfreund am Meeresstrande

Eine Einführung in das Verständnis für das Meer

Von

C. I. Cori

Zweite, neubearbeitete und vermehrte Auflage

Mit 2 Abbildungen im Text und 191 Abbildungen auf 1 farbigen und 21 schwarzen Tafeln. XI, 174 Seiten. 1928. Gebunden RM 4.80

Inhalt: Über die Entstehung des Mittelmeeres und der Adria. — Am Flachstrande der Nehrungen und die Spuren im Sande. — Die Lagune und ihr Leben. — Die Zosterawiesen der Flachsee. — Die Felsenküste. — Auf Schleppnetzfahrten. — Plankton und Planktonische Tiere. — Tiere der Hochsee. — Einige empfehlenswerte Bücher über das Meer und sein Leben. — Register.

Meere der Urzeit

Von

F. Drevermann

(Verständliche Wissenschaft, Bd. 16.) Mit 103 Abbildungen. V, 174 Seiten. 1932 Gebunden RM 4.80

Über den ewigen, ununterbrochen Neues gebärenden Wechsel des Meeres berichtet das vorliegende Bändchen und gibt einen sehr anschaulichen und reichhaltigen Überblick. In der ersten Hälfte werden die Vorgänge im Meer, Bildung und Metamorphosen der Meeresablagerungen und ihre zeitliche Aufeinanderfolge, Verbreitung und Schicksal der Organismen des Meeres besprochen. Die zweite Hälfte bringt die Geschichte der Meere, den Schluß bildet ein besonderes Kapitel über die Spuren urzeitlicher Meere in unserer Heimat.

Das fossile Lebewesen

Eine Einführung in die Versteinerungskunde

Von

E. Dacqué

(Verständliche Wissenschaft, Bd. 4.) Mit 93 Abbildungen. VII, 184 Seiten. 1928 Gebunden RM 4.32

Der unendliche Formenreichtum der fossilen Lebewesen erscheint bei Dacqué als Auswirkung verschiedener kosmischer, geologischer, klimatischer und entwicklungsgesetzlicher Einflüsse im Verlauf der Erdentwicklung. Die Bedeutung der Fossilien als Zeitmarken der Planetengeschichte weiß er ebenso spielend leicht erkennbar zu machen wie die Schwierigkeiten der Rekonstruktions- und Präparationsarbeiten.

Zu beziehen durch jede Buchhandlung